Knaur

GRUNDKURS ROSEN

Claudia Kemptner

GRUNDKURS ROSEN

Pflege · Schnitt · Sorten

Bibliographische Information der Deutschen Bibliothek
Die Deutsche Bibliothek verzeichnet diese Publikation in der Deutschen Nationalbibliographie; detaillierte bibliographische Daten sind im Internet über http://dnb.ddb.de abrufbar.

Umschlaggestaltung: ZERO Werbeagentur, München
Satz und Gestaltung: Hartmut Czauderna, München
Lektorat: Stephanie Wenzel, München
Reproduktion: Kaltner Media, Bobingen
Druck und Bindung: Offizin Andersen Nexö Leipzig GmbH
Gedruckt auf chlorfrei gebleichtem Papier
Printed in Germany
ISBN 3-426-64142-9

www.droemer-knaur.de

INHALT

1 DIE ARBEIT VOR DER FREUDE

Rosen haben nach wie vor eine enorme Anziehungskraft. Ein Garten ohne sie, lässt diesen bei manch einem Betrachter als unvollkommen erscheinen. Und da es heutzutage Rosen in den unterschiedlichsten Größen, Formen und Farben gibt, ist auch für einen jeden Gartentyp und Gärtner etwas dabei.

Bevor man sich aber an der Königin der Blumen mit ihrer wunderschönen Blütenpracht erfreuen kann, sind einige Dinge bezüglich des Kaufs, des richtigen Standortes und des Einpflanzens zu beachten. Sind die Rosen dann einmal angewachsen, sind sie relativ pflegeleicht; aber dahin muss man sie erst einmal bringen.

Rosen sind äußerst ausdauernde Gehölze. Sie können ohne Probleme 20 bis 30 Jahre lang jedes Jahr aufs Neue kräftige Triebe mit wunderschönen Blüten bilden. Pflanzen, die uns eine so lange Zeit beglücken, haben das Recht mit entsprechender Sorgfalt ausgesucht zu werden.

Das ist nur leider nicht immer der Fall: Einem jedem Möbel, das eine solche Zeit gut überstehen kann und soll, wird weitaus mehr Zeit bei der Auswahl gewidmet, als einer Rose, die immerhin ebenfalls einen festen Platz in unseren Räumlichkeiten einnimmt. Dennoch werden sie oftmals auf die Schnelle im Supermarkt einfach mitgenommen, sind sie dort auch für einen Spottpreis erhältlich. Ohne sich näher zu informieren, nur nach einem kurzen Blick auf die Blütenfarbe, die auf dem Etikett abgebildet ist, kommen sie in den Einkaufswagen und werden zu Hause auf der Terrasse deponiert, bis man für sie einen Platz im Garten gefunden hat.

Links: Für den einen schöne Blumen, für andere Leidenschaft und Passion – keine Blume wie die Rose erhitzt die Gemüter auf so vielfältige Weise.
Unten: Lassen Sie sich vor dem Kauf von einem Fachhändler beraten.

Zeit zum Einkaufen – Zeit zum Pflanzen

Der Prozess sollte eigentlich umgekehrt verlaufen. Rosen stellen sehr hohe Anforderungen an ihren Standort. Je besser Sorte und Standort aufeinander abgestimmt sind und bei der Auswahl berücksichtigt werden, umso weniger aufwändig ist die Pflege in den späteren Jahren. Auch der finanzielle Vorteil eines solchen Schnäppchens relativiert sich spätestens bei der Anschaffung des zweiten Pakets Spritzmittel, das die oft zahlreichen, in der Folge auftretenden Erkrankungen, eindämmen soll. Bei einer robusten, qualitativ hochwertigen Sorte, die nach einer Beratung oder ausführlichen Lektüre eines Rosenkataloges ausgewählt wurde, sind Pflanzenschutzmaßnahmen nur selten nötig.
Für Rosenanfänger bietet sich eine Fachberatung in einer Baumschule oder einem Gartencenter an. Bei Angabe der gewünschten Blütenfarbe, Wuchshöhe und des zukünftigen Standortes sollte eine kleine Auswahl an Rosen zur Verfügung stehen, die im jeweiligen Klima ohne große Probleme wachsen und eine stattliche Zahl an Blüten bilden.

Werden Rosen ohne eingehende Beratung gekauft, ist ein genaues Lesen der Etiketten bezüglich Höhe, Blütenfarbe und Robustheit dringend notwendig. Ein sehr hilfreicher Anhaltspunkt hierfür ist das ADR-Symbol. Dieses deutet auf eine sehr große Robustheit, gute Winterhärte und einen schönen Habitus hin (siehe Kasten Seite 8).

Hilfreiche Tipps

Wer sich gerne mit ausführlicher Lektüre beschäftigt, kann lange Abende damit verbringen, Rosenkataloge von verschiedenen Rosenbaumschulen zu wälzen und sich ins Reich der Rosen zu begeben. Dabei sind einige Regeln sehr hilfreich, die ähnlich der Lektüre eines Reisekataloges zu beachten sind. Steht in einem Reiseprospekt »zentrale Lage«, dann muss mit einer großen Kreuzung und zwei Discotheken direkt neben dem Hotel gerechnet werden. Findet man in einem Rosenkatalog die Anmerkung »Blüten nicht sehr regenfest«, kann man nach jedem Regen mit braunen Flecken auf den Blüten und faulenden Knospen, die sich nicht mehr öffnen, rechnen. »Etwas mehltauempfindlich« heißt so viel wie: Nur in heißen, trockenen Sommern bleibt die Rose von Mehltau verschont, regnet es jedoch häufiger, ist ein Befall vorprogrammiert. Rosen mit dem Zusatz »etwas frostgefährdet«, sind optimal für Regionen mit

Weinbauklima; in rauen Lagen frieren sie jedoch regelmäßig zurück und können ihre volle Größe und Pracht nur schlecht entfalten, weil sie im Frühjahr mit dem Neuaufbau beschäftigt sind, statt einen üppigen Knospenansatz zu bilden.

In milden Klimaregionen können solche Hinweise generell etwas großzügiger betrachtet werden. Sind die Winter allerdings sehr kalt und die Sommer dagegen heiß und trocken, sind sie immer ernst zu nehmen. Es empfiehlt sich also, die Beschreibung einer Rose erst kritisch zu lesen und zu beurteilen, bevor man sich in die Blüte verliebt.

Verkaufsformen

Die folgenden Verkaufsformen sind allgemeingültig. Zu berücksichtigen ist zudem, dass es Pflanzen verschiedener Güteklassen gibt, was nachfolgend behandelt wird.

Wurzelnackte Ware

Der Herbst ist in den Rosenbaumschulen die wichtigste Jahreszeit. Verkaufsfertige junge Rosen werden auf dem Feld gerodet und in große Versandhallen gebracht. Hier findet eine Sortierung der Sorten und die Bündelung der einzelnen Stöcke statt. Rosen, die bereits per Katalog/ Internet bei den Baumschulen bestellt wurden, gehen direkt in den Versand oder werden in speziellen Kühlhäusern über den Winter gelagert und im Frühjahr verkauft. Diese Ware bezeichnet man als »wurzelnackt«.

Wie der Name schon sagt, bestehen diese Pflanzen aus 2 bis 4 Trieben (manchmal auch mehr), einer Veredlungsstelle und den Wurzeln, die nicht von Erde umgeben sind.

ADR – Allgemeine Deutsche Rosenneuheitenprüfung

In Deutschlands Rosenbaumschulen werden jährlich zahlreiche Neuzüchtungen hervorgebracht, die nicht nur unterschiedliche Blütenfarben und Wuchshöhen aufweisen, sondern auch in ihrer Widerstandsfähigkeit und Robustheit sehr verschieden sind.
Ein großer Lichtblick im Dickicht der vielen Rosensorten ist die ADR-Prüfung. Wilhelm Kordes, der berühmte Rosenzüchter, führte sie 1950 ein und sorgte dadurch für eine bessere Beurteilung und Einordnung der Rosensorten.
Jeder Rosenzüchter schickt für diese Prüfung seine besten Neuheiten ein. Oft sind sie noch namenlos und laufen nur unter einer Nummer, da viele Züchter die Markteinführung vom Prüfungsergebnis abhängig machen.
An elf Standorten werden die Rosen gepflanzt und über drei bis vier Jahre ohne die Verwendung von Pflanzenschutzmitteln beobachtet und regelmäßig gewertet.

Bewertungskriterien sind:

- Gesundheit/Krankheitsresistenz
- Winterhärte
- Reichblütigkeit und Blühdauer
- Blütenstiel und -stand
- Blüte (Wirkung, Farbe, Duft, Form, Selbstreinigung)
- Wuchsform
- Belaubung
- Gesamteindruck

Ein Arbeitskreis aus Rosenzüchtern, unabhängigen Gutachtern der verschiedenen Prüfungsgärten und Mitglieder des Bundes deutscher Baumschulen diskutieren die Ergebnisse jährlich aus. Nur beim Erreichen eines bestimmten Mindeststandards wird das begehrte Prädikat »ADR-Rose« verliehen.

Mehr als 1500 Rosensorten wurden bisher getestet und nur knapp über 100 erhielten die Auszeichnung.

Erschwerend kommt hinzu, dass die ARD-Plakette wieder aberkannt werden kann, wenn die Sorte bestimmte Kriterien nicht mehr erfüllt. So war die Gesundheit einer Rose früher nie ein Auswahlpunkt, weil die Verwendung von Pflanzenschutzmitteln völlig normal war. Erst in den letzten 20 Jahren kam die Resistenz gegen Krankheiten als gesondertes Kriterium dazu und bildet mittlerweile den Mittelpunkt der gesamten Prüfung: Eine geringe Anfälligkeit für Krankheiten und Schädlinge steht jetzt an erster Stelle, noch vor der Blütenbeurteilung.

Wer sich also nicht ausführlich mit der Sortenauswahl beschäftigen möchte, sollte bei der Suche auf dieses wichtige Zeichen achten, damit die erhoffte Rosenbereicherung ohne großen Pflegeaufwand in den Garten einziehen kann.

Ob wurzelnackt **(links)**, wurzelverpackt **(Mitte)** oder Containerware **(rechts)** – die Qualität der Rose und die Plfanzeit sollten die Kaufentscheidung beeinflussen.

Wer also im Herbst Rosen bestellt, geliefert bekommt und die Rosen zügig in die Erde bringt, hat den zeitlich kürzesten Weg vom Anbaufeld bis in den Garten. Ein unnötiges Verpacken oder Eintopfen entfällt. Die Rosen wachsen im darauffolgenden Frühjahr schnell an und blühen meist nur etwas Zeit versetzt nach den übrigen Rosen im Garten.

Im Frühjahr gelieferte wurzelnackte Rosen sind nicht ganz so frisch wie die Herbstware, da sie den Winter im befeuchteten Kühlhaus verbracht haben. Die Qualität wird dadurch kaum beeinträchtigt, nur der Zeitraum zwischen der Rodung und dem Einpflanzen ist wesentlich länger.

Einige regionale Baumschulen verkaufen wurzelnackte Rosen an die Endverbraucher vor Ort. Hier wird die Ware in einem Beet eingeschlagen. Das heißt, die Rosen werden bündelweise schräg in die Erde gelegt und die Wurzeln mit Erdreich bedeckt. So sind die Wurzeln vor einer Austrocknung geschützt und der Verkaufszeitraum wird etwas verlängert. Allerdings sollte der Verkauf trotzdem zügig erfolgen, denn je weniger die Wurzeln sich im Einschlag verzweigen, um so besser wachsen sie anschließend im Rosenbeet an.

Die Pflanzzeit für wurzelnackte Rosen ist entweder Oktober bis Dezember, oder ab März bis April (immer Frostfreiheit vorausgesetzt).

Wurzelverpackte Ware

Für Gartencenter oder Baumschulen ohne Einschlag ist der Verkauf von wurzelnackter Ware unmöglich. Deswegen werden dort im Frühjahr meist »wurzelverpackte« oder »wurzelballierte« Rosen verkauft.

Eine Wurzelverpackung besteht aus einem Folienschlauch, der mit etwas Substrat gefüllt ist. Die Rosenwurzeln sind etwas gegen Trockenschäden geschützt und können im Verkauf bewässert werden. Vor der Auspflanzung ins Beet muss diese Folie entfernt werden.

Oft sind die Triebe dieser Rosen mit Wachs umhüllt, um ein Austrocknen zu verhindern – der Austrieb der Augen durchbricht diese Schicht jedoch mühelos. Ein Entfernen der Wachsauflage ist nicht nötig und auch nicht empfehlenswert.

Wurzelballierte Rosen sind mit einem verrottbaren Karton oder einem Ballengewebe umwickelt, die ebenfalls mit Substrat gefüllt sind. Bei der Pflanzung wird diese Umverpackung nur angerissen oder aufgeschnitten und mit in die Erde eingesetzt. Die Wurzeln, die sich bereits verzweigt haben, werden so beim Pflanzen nicht beschädigt und können ungehindert durch die zersetzbaren Umhüllungen wachsen.

Die beste Pflanzzeit für diese Verpackungsform ist März bis Anfang April, anschließend ist der Austrieb bereits zu weit fortgeschritten.

Containerware

Ab Ende Mai werden in vielen Gartencentern, Baumschulen und Baumärkten Containerrosen angeboten. Diese Rosen werden in den Rosenbaumschulen im Frühjahr in große Töpfe gepflanzt und vorgetrieben. Sie zeigen bereits einen buschigen Wuchs, Knospen und vereinzelt bereits

Blüten – Blütenfarbe, Duft und Form der Rose können bei dieser Verkaufsform direkt in Augenschein genommen werden.

Die Verkaufszeit der Containerrosen läuft bis in den Herbst hinein, so dass kein zeitlicher Druck mit speziellen Pflanzzeiten für den Gartenbesitzer entsteht, da sie zudem von Mai bis Oktober gepflanzt werden können. An sehr heißen Sommertagen sollte jedoch von einer Pflanzung Abstand genommen werden – die Austrocknungsgefahr ist dann einfach zu groß.

Die Pflanzenqualität

Qualitativ minderwertige Rosen stehen gesunden, hochwertigen Rosenstöcken über Jahre hinweg nach. Schon im Wuchsverhalten sind gewaltige Unterschiede festzustellen. Auch im Blühverhalten, in der Winterhärte und vor allem in der Robustheit gegenüber Krankheiten können schwache Pflanzen nicht mit kräftigen konkurrieren. Einige äußerliche Zeichen lassen auf den Qualitätszustand der Rose deuten: Der Bund deutscher Baumschulen gibt Gütebestimmungen für alle Gehölze, also auch für Rosen heraus. Hier ist eine klare Unterteilung in A- und B-Qualität festgelegt, wobei alle angebotenen Rosen einjährig sein müssen.

A-Qualität bei veredelten Buschrosen

- Das Wurzelwerk muss gut verzweigt sein.
- Aus der Veredlungsstelle müssen 2 bis 3 kräftige Triebe entspringen, der 3. Trieb kann auch bis zu 5 cm über der Veredlung ansetzen.
- Die Triebe sollten keine Risse, Beschädigungen und Flecken aufweisen.

Rechts: Große Unterschiede zwischen A- (links) und B-Qualität (rechts) sind beim Triebaufbau und bei der Wurzelverzweigung zu erkennen.

Unten: Bei Stammrosen ist der Aufbau der A-Qualität (links) sehr wichtig für eine gleichmäßige Krone. Die B-Qualität treibt oft nur einseitig aus.

B-Qualität bei veredelten Buschrosen

- Das Wurzelwerk sollte gut durchwurzelt sein.
- An der Veredlungsstelle setzen 2 kräftige Triebe an.

Die Gefahr der B-Qualität liegt in der Einseitigkeit des Wuchses, falls die beiden Triebe in die gleiche Richtung gehen. Bei einer schlechteren Wurzelverzweigung kann es zu Verzögerungen beim Anwachsen kommen.

A-Qualität bei Stammrosen

- Die Krone hat 3 oder mehr Triebe, wobei diese aus mindestens 2 Veredlungsstellen hervorgehen müssen.
- Der Stamm muss ein kräftiges, gerades Wachstum zeigen und einen Stammdurchmesser unter der Veredlungsstelle von 9 mm aufweisen.
- Die Bewurzelung muss gut mit Faserwurzeln versehen sein

B-Qualität bei Stammrosen

- Die Krone hat 2 oder mehr Triebe, wobei diese auch aus einer Veredlungsstelle hervorgehen können.

Bei den Stammrosen gibt es klare Vorgaben zur Veredlungshöhe:

Fußstämme	40 cm
Halbstämme	60 cm
Hochstämme	90 cm
Hängeformen	120 cm

Containerrosen müssen zusätzlich zu den bereits beschriebenen Vorgaben noch eine entsprechende Containergröße mit mindestens 2 l Fassungsvermögen nachweisen.

Vom richtigen Standort

Neben der Pflanzenqualität, sollte auch der Standort mit Bedacht gewählt und eventuell vorbereitet werden.

Der gute Boden

Das Beste, was ein Rosenfreund seinen neuen Rosen mit auf den Weg geben kann, ist ein guter Rosenboden. Stimmen die Eigenschaften des natürlichen Untergrundes mit den Ansprüchen der Rosen überein, so spart man sich viel Zeit und Kraft für eine aufwändige Bodenbearbeitung und das Einbringen von Düngungsmitteln.

Ein wichtiges Kriterium des Rosenbodens ist der ph-Wert. Mit ihm wird der Säure- bzw. Kalkgehalt des Bodens gemessen. Der pH-Wert 7 bedeutet einen neutralen Boden. Für Rosen liegt der optimale Wert bei 6,5 – also leicht sauer bis neutral. In jedem Fachgeschäft gibt es Testsets zur Bestimmung des pH-Wertes.

Ist der Boden zu sauer (pH-Wert unter 6) kann eine Kalkgabe diesen Missstand beseitigen. Kalk gibt es in fertigen Verpackungen zu kaufen und wird bei der Bodenvorbereitung mit in den Boden eingearbeitet. Ist der Boden zu kalkhaltig (pH-Wert über 7,5) – was nur sehr selten der Fall ist – wird kohlensaurer Ammoniak zur Neutralisierung eingearbeitet.

Die beste Bodenbeschaffenheit, die es für den Anbau von Rosen gibt, ist sandig-lehmig. Ein lehmiger Boden hat durch seinen Anteil an Tonteilchen eine sehr große Oberfläche und dadurch eine hohe Haltekraft für Wasser und Dünger. Das hat den Vorteil, dass für die Pflanzen meistens Wasser und Dünger in ausreichender Menge verfügbar ist. Der sandige Teil, der durch seine geringe Oberfläche sehr durchlässig für Wasser ist, bietet eine hervorragende Drainage, damit keine Staunässe um die Rosenwurzeln entsteht.

In staunassen Gartenregionen können keine Rosen angebaut werden, da die Wurzeln wesentlich empfindlicher gegenüber Wasser als gegenüber Trockenheit sind. Sie beginnen sehr schnell mit Fäulnis und sind dann nicht mehr in der Lage den Rosenstock mit Wasser und Nährstoffen zu versorgen.

Rosen können bis zu 6 m tief wurzeln. Voraussetzung für ein solches Wurzelwachstum ist allerdings ein tiefgründiger Boden. Mindestens 60 cm sollte die Humusschicht betragen, bevor die Wurzeln auf Kies oder undurchdringbare Bodenschichten stoßen.

Findet man in seinem Garten keinen entsprechenden Untergrund, muss man nicht verzweifeln. Durch die Zugabe von verrottetem Kompost oder altem Stallmist (mindestens 3 Jahre alt), kann der Boden in einen für Rosen akzeptablen Zustand gebracht werden. Allerdings muss der Boden regelmäßig alle 2 Jahre aufgefrischt werden. Die Düngung eines solchen Bodens kann etwas häufiger nötig sein. Rosen zeigen aber deutliche Symptome, wie helle Blätter mit dunkleren Adern, wenig Knospen und ein zurückhaltendes Wachstum, um rechtzeitig zu reagieren.

Unten: Was beide – Sommersalbei und Rosen – gleichermaßen mögen, sind sonnige Standorte, an denen auch ein laues Lüftchen wehen darf.

Der rosenmüde Boden

Die Bodenmüdigkeit tritt nur bei Rosengewächsen auf. Es ist ein nicht vollständig aufgeklärtes Phänomen, das die Wissenschaftler noch immer beschäftigt.
Das Problem tritt auf, wenn an die Stelle, an der eine alte Rose stand eine neue gepflanzt werden soll. Im Boden bleiben nach dem Entfernen der alten Rose Bakterien, Nematoden (winzig kleine Würmer) und Ausscheidungssubstanzen des Wurzelstockes zurück. Die Wurzeln der neuen Rose werden von diesen sofort eingenommen und haben Probleme im Boden Fuß zu fassen. Die Folge ist Kümmerwuchs, schlechter Austrieb und wenig bis keine Blüten in den ersten Jahren. Um dies zu verhindern, muss die Erde vor dem Pflanzen der neuen Rose weiträumig entfernt und die alten Wurzeln abgesammelt werden. Das Entfernen der Wurzelreste ist dabei noch wichtiger als das Ausschaufeln der Erde. Eine frische, lockere Pflanzerde empfiehlt sich zum Auffüllen des Pflanzlochs und Einpflanzen der neuen Rose.
Bodenmüdigkeit tritt übrigens auch bei allen anderen Rosengewächsen auf, wie z. B. Apfel, Birne, Erdbeeren, Mispeln, Mehlbeere und Rotdorn.

Der richtige Platz

»Sommer, Sonne, Sonnenschein« ist das Motto für Rosen. Je mehr Sonne, um so üppiger entfalten sie sich und zeigen eine beeindruckende Blütenpracht.

Vor allem im Bereich der Kleinstrauch- (Bodendecker), Wild- und Beetrosen gibt es aber auch ein beachtliches Sortiment, das im Halbschatten oder lichten Schatten zurecht kommt. Allerdings ist Schatten nicht gleich Schatten: Auf der hellen Nordostseite eines Hauses sind viele Rosensorten auch ohne direkte Sonneneinstrahlung glücklich. Unter einem Schatten spendenden Baum sind Rosen jedoch völlig fehl am Platz, da zum Schatten der Krone auch noch der Wurzeldruck hinzukommt, den Rosen überhaupt nicht vertragen.

Ein laues Lüftchen ist für Rosen wichtiger als für alle anderen Pflanzen. Da es viele Krankheiten gibt, die sich auf Rosen spezialisiert haben, muss man versuchen die Rahmenbedingungen so zu gestalten, dass sich diese vielen ungewünschten Erreger und Schädlinge nicht zu sehr ausbreiten, besser noch, erst gar nicht ansiedeln können. Hilfreich dafür ist vor allem der Wind, der den Rosenstöcken ein schnelles Abtrocknen im bodennahen Bereich nach Regen und feuchten Nächten, ermöglicht. Im Hochsommer verhindert ein Windhauch stauende Hitze im Rosenbeet, die vor allem die Schädlingsvermehrung fördert.

Das richtige Einpflanzen

Nach der notwendigen Bodenvorbereitung, gibt es einige Maßnahmen, die beim Einpflanzen zu beachten sind.

Pflanzen von wurzelnackten Rosenstöcken

1. Wässern:
Wurzelnackten Rosen müssen nach dem Kauf umgehend ausgepackt und komplett in Wasser gelegt werden. Dieser erste Schritt ist der wichtigste bei der ganzen Pflanzaktion. Dabei saugen sich die Wurzeln komplett mit Wasser voll und sind dann bereit sich im Boden zügig auszubreiten. Andernfalls vertrocknen die Rosen noch bevor sie anwachsen können.

2. Rückschnitt:
Die Wurzeln der Rosen können auf eine Länge von 25 bis 30 cm eingekürzt werden. Dabei müssen keine speziellen Regeln beachtet werden. Mit einer scharfen Schere schneidet man sie einfach ab. Beschädigte und abgeknickte Wurzeln werden ebenfalls entfernt.

Die Triebe der Rosen können auf 15 cm bis zur Veredlungsstelle hin abgeschnitten werden. Der Schnitt sollte direkt über einem Auge erfolgen, da die Rose hier im Frühjahr austreibt. Bei einer Pflanzung im Spätherbst (November) ist es oft sinnvoller mit dem Pflanzschnitt bis zum Frühjahr zu warten, da es sonst zu starken Erfrierungen kommen kann, die die neue Rose noch nicht verkraftet.

Wird ein Pflanzschnitt nicht durchgeführt, kann das für die Rose fatale Folgen haben. Der Austrieb bleibt schwach und trocknet zum Teil nach kurzer Zeit ein. Also: Mut beweisen und kräftig zurückschneiden. Der Pflanzschnitt animiert die Rose zu einem kräftigen, frischen Austrieb.

3. Pflanzloch ausheben:
Das Pflanzloch muss mit einem Spaten so tief ausgehoben werden, dass die Wurzeln locker darin hängen können. Am besten wird das angrenzende Erdreich zusätzlich etwas gelockert, damit die Wurzeln nicht gleich zu Beginn auf eine verdichtete Erdschicht stoßen.

4. Rose einsetzen und Erde aufschütten:
Der Rosenstock wird so vorsichtig in das Pflanzloch gesetzt, dass keine Wurzeln abgeknickt oder im Kreis gelegt werden. Dabei muss die Veredlungsstelle ca. 5 cm unter der Erdoberfläche sitzen. Sie darf zum Schluss der Pflanzaktion auf keinen Fall aus der Erde herausragen! Behutsam wird so viel Erde in das Pflanzloch eingefüllt und leicht angedrückt, dass ein Gießrand bestehen bleibt.

5. Festtreten und Angießen:
Danach sollte man vorsichtig mit dem flachen Fuß die Erde ein wenig antreten. Der Gießrand wird bis obenhin mit Wasser aufgefüllt. Langsam sickert das Wasser ein und die Wurzeln erhalten eine Verbindung mit dem Erdreich (Bodenschluss). Zum Schluss wird noch einmal mit Erde aufgefüllt bis das Erdreich ebenerdig mit dem Umfeld abschließt. Eine Startdüngung ist für Rosen nicht nötig, außer eventuell eine leichte Gabe an Hornspänen; mineralische Dünger würden die jungen Wurzeln durch ihre scharfen Inhaltsstoffe nur unnötig am Wachsen hindern.

Ein Anhäufeln der Rosentriebe, ca. 10 cm hoch, verhindert das Austrocknen der Triebe, was vor allem bei einer Herbstpflanzung unerlässlich ist. Bei der Frühjahrspflanzung wird diese Maßnahme ebenfalls für ca. 4 Wochen empfohlen.

Pflanzen von Stammrosen
Bei der Pflanzung von Stammrosen ist zu beachten, dass die Veredlungsstelle nicht zwischen Wurzel und Stamm liegt, sondern zwischen Stamm und Krone. Bei der Pflanzung muss das Loch so tief ausgehoben werden, dass beim Einsetzen der Rose der Knoten auf der Erdoberfläche aufliegt, also etwas herausschaut. Neben der Rose schlägt man einen Pfahl ein, der 10 cm weit in die Krone hineinreicht. An diesem wird die Rose mit einer Hanfschnur befestigt.

Pflanzen von Containerrosen
Auch hier spielt das kräftige Wässern vor dem Einpflanzen eine wichtige Rolle. Das Pflanzloch muss etwas größer und tiefer sein als der Container, da auch hier die Veredlungsstelle 5 cm unter der Erde liegen muss. Meist ist das im Container nicht der Fall. Die Erde wird wie oben beschrieben festgetreten, anschließend folgt das Angießen.

Pflanzen von Kletterrosen
Kletterrosen werden leicht schräg zu der Wand hin eingesetzt, an der sie emporwachsen sollen. Trotzdem muss auch hier die Veredlungsstelle 5 cm unter der Erde liegen.

Links: Wurzelnackte Rosen müssen vor dem Einpflanzen unbedingt mehrere Stunden in Wasser gelegt werden.

Rechts: Die Triebe werden etwas eingekürzt, am besten direkt über einem Auge.

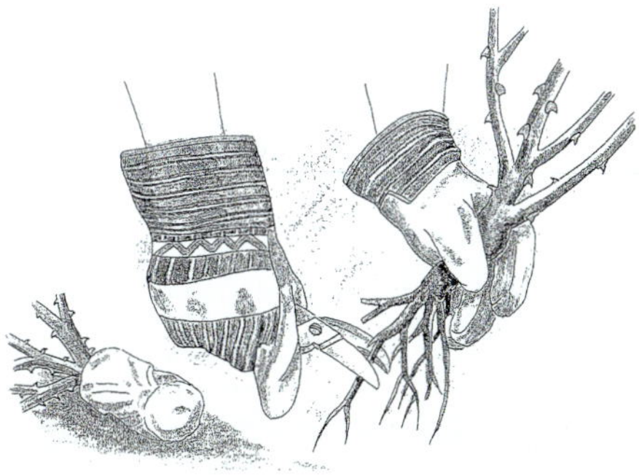

Rechts: Die Wurzelspitzen schneidet man vorsichtig zurück, da sie beim Einpflanzen sonst leicht beschädigt oder abgebrochen werden.

Rechts außen: Die wichtigste Regel beim Pflanzen: Die Veredlungsstelle muss 5 cm unter der Erde sitzen!

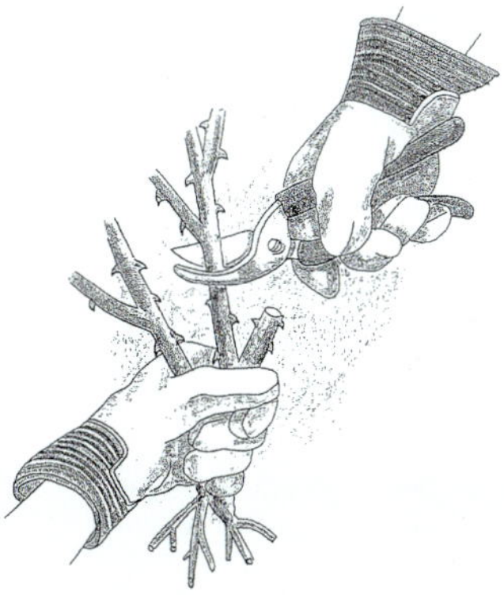

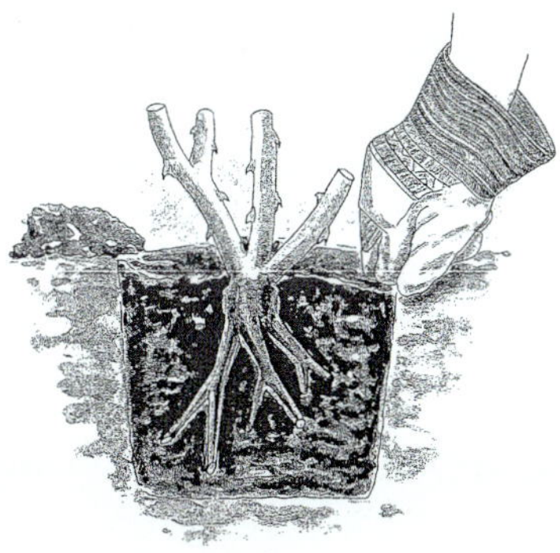

2 ROSENPFLEGE – UND WAS DAZUGEHÖRT

Eigentlich sind Rosen gar nicht so anspruchsvoll. Beachtet man einige Pflegemaßnahmen und wendet diese richtig an, werden Sie lange viel Freude mit Ihren Rosen haben. Dazu gehört, gerade was die Schnittmaßnahmen anbelangt, nur ein wenig Mut.

Der richtige Schnitt

Das Schneiden der Rosen wird oft so kompliziert erklärt, dass man sich gar nicht mehr traut, seine Rosen selbst zu bearbeiten. Weiß man um die Wirkung des Schnittes und zeigt ein wenig Einfühlungsvermögen, ist das ganze Thema kein Problem. Ein paar einfache Grundregeln gleich zu Anfang:

- Wer keine Erfahrung mit dem Rosenschneiden hat, sollte etwas vorsichtiger beginnen. Lieber bleiben im ersten Jahr die alten Triebe etwas zu lang, als das sie gar nicht mehr austreiben. Wichtig ist dann aber das Beobachten der Rose im Folgejahr. Oft lassen sich die Folgen eventueller Schnittfehler nach einigen Monaten gut erkennen und man kann sich für das nächste Jahr eine Verbesserung und mehr Mut vornehmen.
- Durch einen mangelhaften Schnitt wird eine Rose nicht komplett zerstört (außer man schneidet direkt an der Veredlungsstelle!). Allerdings sollte man aus seinen Fehlern lernen. Begeht man die gleichen Fehler über mehrere Jahre hinweg, macht das den Rosen schon zu schaffen.
- Ein starker Rückschnitt lässt wenige, starke und lange Triebe aus den verbleibenden Augen hervorkommen. Ein schwacher Rückschnitt bewirkt den Austrieb zahlreicher, dafür aber schwächerer und kürzerer Triebe.
- Der richtige Zeitpunkt für den Formschnitt ist das zeitige Frühjahr. Ab Mitte März kann an frostfreien Tagen die Schere gezückt werden. Bis Mitte April muss die Schnittaktion abgeschlossen sein, da sich sonst zu viele Austriebe schon gebildet haben und ein Rückschnitt eine zeitliche Verzögerung der Blüte nach sich ziehen würde. Im Herbst sollte nur in dringenden Fällen geschnitten werden, da der Frost in den frischen Schnittflächen zu großen Ausfällen führt und dadurch ein starkes Nachschneiden im Frühjahr zusätzlich notwendig wird.
- Das Auge der Rose spielt eine wichtige Rolle: An einem Auge entsteht der neue Rosentrieb. Zeigt das Auge nach rechts, geht auch der spätere Trieb in diese Richtung. Bei jedem Schnitt sollte man sich den Wuchs der Rose ansehen und überlegen, in welche Richtung der zu schneidende Trieb gehen soll. So kann man einer Rose zu einem eher aufrechten oder aber breit buschigen Wuchs verhelfen. Die genetische Anlage der Rose spielt hier sicherlich eine sehr große Rolle, aber der Schnitt kann einen entscheidenden Einfluss auf das Wuchsverhalten nehmen. Der häufig gegebene Hinweis: »Immer auf außenstehende Augen schneiden!«, bedeutet demnach die Bildung eines Rosennestes aus der Mitte heraus. Würden die mittleren Triebe geschnitten werden, hätte man bald ein regelrechtes Loch, umgeben von einem Triebkranz.
- Jeder Trieb wird ca. 5 mm über einem Auge gerade abgeschnitten. Ein gerader Schnitt verursacht bei einer Rose die kleinstmögliche Verletzung. Langgezogene Schnitte (also quer von oben nach unten), wie sie an Blumensträußen zu sehen sind, bieten Krankheitserregern eine wesentlich größere Angriffsfläche; die Rose braucht mehr Kraft, die offene Stelle wieder zu verschließen. Der Schnitt sollte soweit über dem Auge sitzen, dass es dieses selbst nicht beschädigt. Das hätte einen Austrieb des nächsten Auges darunter zur Folge, der in eine andere Richtung geht, als gewünscht. Da die Schnittfläche zudem geringfügig eintrocknet, muss sie ca. 5 mm über dem Auge erfolgen. Zu lange Stummel hingegen über dem Auge werden nicht mehr mit Wasser versorgt, sterben ab und sind ein idealer Nährboden für Pilz- und Bakterienkrankheiten.
- Die wichtigste Schnittmaßnahme bei allen Rosen ist das Entfernen des abgefrorenen, kranken und abgestorbenen Holzes. Hierbei muss bis ins gesunde Holz zurückgeschnitten werden. Krankes Holz erkennt man sehr gut am braunen Mark im Inneren des Triebes. Erst wenn das Mark grün ist, wurde ausreichend tief geschnitten. Nachdem alles alte

Links: Zart in der Erscheinung, hart im Nehmen: 'Alexander' – eine besonders schöne Edelrose – verträgt einen kräftigen Rückschnitt.
Unten: Ein gerader Schnitt verursacht kleinstmögliche Verletzungen.

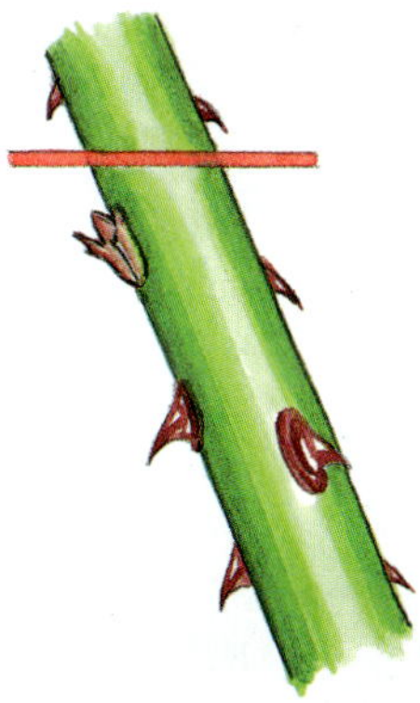

Holz entfernt ist, kann die Rose ihre ganze Kraft in den neuen Trieb setzen. Andernfalls ist sie zu sehr mit der Bekämpfung der verschiedenen Krankheiten beschäftigt, die sich in krankem und totem Material gerne ausbreiten.

- Ist ein Rosenstock von unten zu dicht, können sich die neuen Triebe nur schlecht entfalten. Erst ab einer gewissen Höhe ist genug Lichteinfall für eine üppige Belaubung vorhanden. Der untere Bereich bleibt gerne kahl. Um es nicht so weit kommen zu lassen, schneidet man vor allem bei älteren Rosen, einige alte Äste komplett über der Veredlungsstelle raus. Dieses Auslichten regt die neuen Triebe an und lässt genug Licht in den unteren Bereich damit auch hier grünes Laub wachsen kann.

Richtiges Werkzeug

Ein gerader, sauberer Schnitt ist das A und O des Rosenschneidens. Dazu gehört natürlich das passende Werkzeug. Eine gute, scharfe, qualitativ hochwertige Gartenschere, ist sehr empfehlenswert, da sie für den Gärtner bei der Handhabung wenig kraftaufwändig ist. Sie hat eine gebogene, kurze Stahlklinge, die den Trieb beim Schneiden etwas fixiert, und einen stabilen Griff mit einer angenehmen Ummantelung für die Hände, der eine gute Kraftübertragung gewährleistet. Billige Scheren aus dem Supermarkt tun im ersten Jahr mit Sicherheit ihre Pflicht, aber dann sind sie meist reif für den Mülleimer. Je mehr Kunststoffteile sich an der Gartenschere befinden, umso geringer ist die Stabilität.

Gute, aber auch kostenintensive Scheren sind mit nachrüstbaren Klingen ausgestattet, die bei Bedarf ausgewechselt werden können. Die unter Rosenexperten am meisten geschätzten Gartenscheren kommen aus dem Hause Felco, einem Schweizer Unternehmen, das sich auf Schneidewerkzeuge spezialisiert hat. Im Felco-Sortiment gibt es auch Scheren für Linkshänder und kleine Hände. Die Firmen Gardena und Wolf bieten ebenfalls hervorragende Allround-Gartenscheren an, die für den Rosenschnitt gut

Qualitätsware spielt bei Gartengeräten eine Rolle: Gute Scheren und Handschuhe sind zwar teurer, halten dafür aber umso länger.

Wildtriebe

Entstehen an einem Rosenstock Triebe, die ein anderes Laub oder einen anderen Dornentyp haben, handelt es sich meist um Wildlinge, also Wildtriebe. Oft hat der frische, wilde Austrieb eine etwas andere Farbe als der veredelte, und die Anzahl der Fiederblätter an einem Blatt stimmt nicht überein mit derjenigen des veredelten Triebes. Auch ein viel schnelleres Wachstum der Triebe im Vergleich zum übrigen Rosenstrauch deutet auf einen Wildtrieb hin. Alle Wildlinge müssen unabhängig von der Jahreszeit sofort entfernt werden. Dazu gräbt man vorsichtig am Wildtrieb hinunter bis zum Ansatz unter der Veredlungsstelle und schneidet oder noch besser, reißt ihn ab. Üblich ist auch ein Abtreten mit dem Absatz des Schuhs, da sich dabei der Trieb oft komplett entfernen lässt und ein Nachwachsen weniger wahrscheinlich ist. Würden Wildlinge ungehindert wachsen, nehmen sie relativ schnell die veredelte Rose in ihren Besitz. Es entstehen hohe Wildrosenbüsche, die mit der ursprünglich gepflanzten Rose nichts mehr zu tun haben.

geeignet sind. Auch hier sind Modelle für Linkshänder erhältlich.

Für sehr dicke, alte Triebe reichen normale Rosen- oder Gartenscheren nicht aus. Eine Astschere, die ebenfalls von hervorragender Qualität sein sollte, muss hier nachhelfen.

Wichtig ist bei allen Schnitten, dass keine ausgefransten Schnittstellen stehen bleiben, denn solch große Oberflächen bieten einen idealen Angriffspunkt für Pilz- und Bakterienkrankheiten.

Ein weiteres, sehr wichtiges Werkzeug beim Rosenschnitt sind Gartenhandschuhe. Wie jeder Rosenfreund weiß, hinterlassen Rosenstacheln unangenehme Kratzer auf der Haut, die nur schlecht verheilen. Um die Stacheln abzuwehren, sollten die Handschuhe gummiert, aber trotzdem möglichst dünn sein. Zu dicke, steife Handschuhe machen ein für den Schnitt notwendiges Feingefühl allerdings nahezu unmöglich.

Schnittkurs

Wie gesagt, dazu gehört nur etwas Mut. Und bedenken Sie: Rosen sind nicht so nachtragend wie man manchmal glaubt.

Edelrosen

Edelrosen sind meist aufrecht bis straff aufrecht in ihrem Wuchs. An jedem Trieb bildet sie nur eine große Blüte. Deshalb muss der Stiel kräftig genug sein, um diese schwere Blüte tragen zu können. Wie bereits erwähnt bewirkt ein kräftiger Rückschnitt einen Austrieb langer, starker Triebe. Gewöhnlich werden Edelrosen auf 3 bis 6 Augen zurückgeschnitten. Das bedeutet, dass über der Veredlungsstelle die genannte Anzahl an Augen stehen bleibt. Schwache Triebe, die gefördert werden sollen, schneidet man noch etwas kürzer ab als kräftige Triebe. So erhalten sie den Ansporn sich ebenfalls zu stark wachsenden Trieben zu entwickeln. Altes und totes Holz muss, bevor es an den Formschnitt geht, entfernt werden.

Beetrosen

Beetrosen wachsen etwas gefälliger als Edelrosen. Sie bleiben zwar etwas niedriger als Edelrosen, wachsen dafür aber breiter. Ihre Triebe sind meist dünner und besser verzweigt. An einem Stiel sitzen mehrere Blüten. Deshalb muss dieser stabil genug sein, um das Gewicht der Blütenfülle tragen zu können. Ein starker Rückschnitt auf 3 bis 6 Augen ist auch hier empfehlenswert. Stehen mehrere Beetrosen als Gruppe beieinander, sollte die Schnitthöhe einheitlich sein, damit im Sommer ein harmonisches Bild entsteht.

Kleinstrauchrosen (Bodendecker)

Bei dieser Rosengruppe kann eigentlich gar nichts schief gehen. In öffentlichen Anlagen werden die Kleinstrauchrosen zum Teil mit der elektrischen Hecken-

Edelrosen können im Frühjahr problemlos bis auf 6 Augen zurückgeschnitten werden. Manche Gärtner lassen sogar nur 3 Augen stehen

Beetrosen werden ebenfalls radikal auf 3 bis 6 Augen zurückgestutzt.

Kleinstrauchrosen werden nach Bedarf auf die entsprechende Höhe eingekürzt. Breiten sie sich zu sehr aus, vertragen sie auch einen starken Rückschnitt. Sie bauen sich dann von unten neu auf.

Zwergrosen brauchen einen kräftigen Austrieb; dafür werden sie auf bis zu 4 Augen eingekürzt.

Öfter blühende Strauchrosen werden mit der Schere um ca. ein Drittel reduziert. Der älteste Trieb sollte regelmäßig entfernt werden, damit junge Triebe mehr Platz haben.

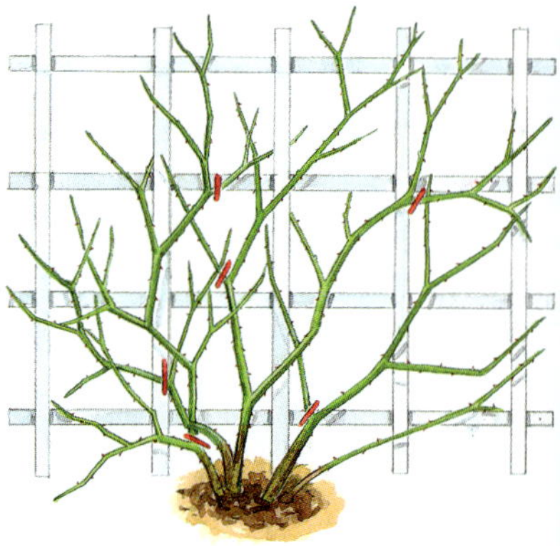

Kletterrosen müssen nicht jedes Jahr geschnitten werden. Alte Triebe werden alle zwei bis drei Jahr komplett rausgenommen um ein Verkahlen des unteren Bereiches zu verhindern.

schere geschnitten, ohne dass es die Blüte im folgenden Jahr beeinträchtigt. Ist eine mehr oder weniger flache Bodenbedeckung gewünscht, müssen allerdings die aufrechten Triebe eingekürzt werden. Nur so ist ausreichend Licht für die unteren Triebe vorhanden.

Auch einen radikalen Rückschnitt auf 6 bis 8 Augen vertragen diese robusten Rosen problemlos. Sie bauen sich dann von unten neu auf und blühen bereits im gleichen Jahr schon wieder reichlich.

Zwergrosen

Diese kleinen Gesellen werden radikal auf 3 bis 4 Augen zurückgestutzt. So fördert man einen kräftigen Austrieb, den die Zwerge gut vertragen, und erhält einen üppigen Blütenansatz.

Öfter blühende Strauchrosen

Strauchrosen können problemlos 1 bis 2 Jahre ohne Schnitt auskommen. Greift man aber zur Schere, darf der Schnitt nicht mit dem der Edel- und Beetrosen verglichen werden. Bei öfter blühenden Strauchrosen werden die Triebe um ein Drittel eingekürzt. Dies sollte stufenförmig geschehen, damit in verschiedene Höhen neue Triebe entstehen. Alte, sehr verholzte Triebe, die unten bereits verkahlen, sollte man regelmäßig direkt über der Veredlungsstelle abschneiden. So wird der Strauch verjüngt und die Triebbildung angeregt.

Kletterrosen

Kletterrosen können einmal oder öfter blühend sein. Einmal blühende sind meist Rambler (stark rankend mit dünnen Trieben), aber auch einige Climber (klimmend mit dicken, steifen Trieben) beschränken sich auf eine Blüte – sie setzen nach der ersten Blüte im Juni keine weiteren Blüten mehr an, sondern konzentrieren sich auf die Bildung ihrer Früchte, den Hagebutten. Die Blüten treiben an den Trieben des letzten und vorletzten Jahres aus. Schneidet man diese im Frühjahr ab, fällt die Rosenblüte in dem Jahr nur sehr spärlich aus. Eigentlich mögen diese wilden Kletterkünstler gar keinen Rückschnitt, bis auf das Entfernen des alten, toten Holzes. Ist ein Reduzieren der Höhe notwendig, sollte das direkt nach dem Verblühen im Juli geschehen – so können noch ausreichend Triebe für die Blüte im Folgejahr gebildet werden.

Bei der zweiten Gruppe, den öfter Blühenden, muss dagegen die Schere in die Hand genommen werden. Die meisten mehrmals blühenden Kletterrosen sind Climber. Da diese häufig zum Verkahlen des unteren Bereichs neigen, sollte regelmäßig jedes zweite Jahr im Frühling, ein alter, verholzter Trieb ganz unten abgeschnitten werden. Diese Maßnahme regt einen neuen Trieb von unten an. Eine solche Verjüngung sorgt für eine Belaubung und einen Blütenansatz im ersten Drittel über der Veredlungsstelle. Öfter blühende Kletterrosen blühen am alten, aber auch am neuen Holz, so dass ein Schneiden im Frühjahr die Blütefülle im gleichen Jahr nur minimal beeinträchtigt. Auch hier wird nach der Regel geschnitten: starker Schnitt, starkes Wachstum. Dünne, schwache Triebe schneidet man direkt an der Austriebsstelle ab, stark wachsende erst nach 3 bis 4 Augen. Kletterrosen müssen nicht jedes Jahr geschnitten werden. Ein kräftiger Rückschnitt alle 2 bis 3 Jahre reicht völlig aus.

Stammrosen

Ein großes Problem bei Stammrosen ist das Auseinanderbrechen der Krone. Das passiert selten bei Kleinstrauch- oder Beetrosenkronen, häufiger jedoch bei schweren Edelrosen. Der Frühjahrsschnitt sorgt deshalb vor, dass kein zu großes Gewicht entsteht. Außerdem sieht eine kompakte Krone auf Stamm attraktiver aus als viele lange Wedel, die in alle Richtungen abstehen. Alle Triebe werden auf 3 bis 4 Augen eingekürzt; zu dicht stehende Triebe sind zu entfernen.

Öfter blühende Trauerstämme werden vorsichtiger behandelt, damit das schirmähnliche Aussehen der Krone bestehen bleibt. Stark verzweigte Triebe sollten stark eingekürzt oder ganz entfernt werden, alle anderen um ca. ein Drittel reduziert. Da ein Trauer- oder Kaskadenstamm einem sehr starken, kräftigen Austrieb kaum gewachsen ist, sollte mit Zurückhaltung an die Sache herangegangen werden.

Häufig werden einmal blühende Ramblerrosen für Kaskadenstämme verwendet. Hier sollte beim Schnitt möglichst viel Holz des letzten Jahres stehen bleiben, da dort die Blüten ansetzen. Schneidet man die Triebe zu radikal zurück, bringt man sich selbst um einen großen Teil des Blütenflors. Ist ein starker Rückschnitt erforderlich, wird er am besten direkt nach der Blüte durchgeführt. Die Rose hat dadurch noch genug Zeit um neue Triebe für die Blüte im Folgejahr zu bilden.

Um eine schöne Trauerform dieser Stämmchen zu erhalten, müssen im Sommer regelmäßig alle straff nach oben wachsenden Triebe entfernt werden. Wird die Krone zu dicht und damit auch zu schwer, müssen einzelne Triebe direkt an der Veredlungsstelle am Kronenansatz abgeschnitten werden. Kaskadenstämme benötigen von allen Rosenstämmen den meisten Pflegeaufwand. Speziell beim Schneiden sind die eigenen Beobachtungen und Erfahrungen eines jeden Besitzers am wichtigsten. Jede Ramblersorte wächst unterschiedlich und möchte dadurch auch individuell geschnitten werden.

Einmal blühende Rosen werden bei Bedarf nach der Blüte zurückgeschnitten. Nur so erhält man im folgenden Jahr einen schönen Blütenflor.

Einmal blühende Strauch- und Wildrosen

Sie werden ganz ähnlich geschnitten, wie die einmal blühenden historischen Rosen. Auch hier ist prinzipiell von den Rosen ein regelmäßiger Rückschnitt nicht erwünscht. Ein Platz, ohne räumliche Enge, an dem sie sich frei entfalten können, ist ihnen am liebsten. Ist der Schnitt aber unumgänglich, werden im Juni nach der Blüte überalterte Triebe und totes Holz entfernt. So fördert man die Verjüngung des Strauches, was wiederum für die Gesundheit und einen reichen Blütenflor ausschlaggebend ist. Zu weit ausladende Triebe werden direkt an der Basis abgeschnitten. Bei jedem Schnitt werden – vor allem bei Wildrosen – eine große Anzahl an Hagebuttenansätzen mit abgeschnitten. Im Herbst, wenn normalerweise die zweite Hochsaison der Wildrosen beginnt, fehlt somit ein wichtiger Blickfang im Rosengarten. Allein schon deshalb ist von einem jährlichen Rückschnitt abzuraten.

Historische Rosen

Grundsätzlich ist zu sagen, dass der Wuchs der historischen oder alten Rosen oftmals gewöhnungsbedürftig ist. Die Triebe sind zum Teil wesentlich dünner und schwächer belaubt, als die der modernen Rosen. Der Pflanzenaufbau ist weniger dicht, die Triebe sind ausladend und überhängend. Die gesamte Rose wirkt nicht so harmonisch, wie der Rosenfreund das von den Edel- oder Beetrosen kennt. Und dennoch besitzen sie einen Charme, dem der treue Rosenliebhaber kaum widerstehen kann.

Prinzipiell ist die alte Rose gar nicht begeistert von Schnittmaßnahmen. Sie möchte sich in aller Ruhe entfalten, wie sie es für richtig hält, und den Raum, den der Gärtner ihr zugesteht, bestmöglich ausfüllen.

Um trotzdem die richtige Schnittmaßnahme und den passenden Zeitpunkt herauszufinden, muss man nur wissen, ob die Rose einmal oder mehrmals blühend ist. Nur die Gruppen der China-Rosen, Portland-, Bourbon-, Moschata- und Remontant-Rosen besitzen die Eigenschaft des wiederholten Blühens. Von diesen Gruppen sind aber nur noch wenige Sorten auf dem Markt erhältlich.

Für alle öfter blühenden alten Rosen gelten die gleichen Schnittregelen wie für Strauchrosen. Der richtige Zeitpunkt ist im März, vor dem Austrieb. Wie bei allen Rosen muss das alte, kranke und tote Holz komplett entfernt werden. Zu dünne und sehr dicht stehende Triebe werden direkt an der Basis abgeschnitten. Die Hälfte der Haupttriebe wird um ein Drittel eingekürzt, die andere Hälfte um zwei Drittel. Diese Maßnahme fördert einen üppigen Blütenansatz und den Aufbau von jungem Holz.

Einmal blühende historische Rosen, wie z. B. Alba-, Damascena-, Zentifolia- und Gallica-Rosen, bilden ihre Blüten am alten Holz. Das bedeutet, dass der Trieb, der in einem Jahr entsteht, im darauffolgenden Jahr blüht. Wird dieser Trieb im Frühjahr abgeschnitten, ist mit keiner großen Blütenfülle zu rechnen. Hier ist es sinnvoll, direkt nach der Blüte im Juni zu lange, störende Triebe einzukürzen oder ganz zu entfernen. Die Rose hat dann noch die Möglichkeit im selben Jahr genügend Triebe zu bilden, die im darauffolgenden Jahr blühen. Wie bereits erwähnt, mögen alte Rosen aber einen Rückschnitt nur in dringenden Fällen.

Oben: Farbspiele mit Begleitpflanzen. Rosen und Clematis, die ineinander verwachsen sind, danken entsprechende Pflegemaßnahmen mit besonderer Blütenpracht.

Die richtige Düngung

Da Rosen einen vergleichsweise hohen Nährstoffbedarf haben, ist die Gabe von Dünger durchaus notwendig, zumal öfter blühende Rosen stark zehren.

Bei der Wahl des richtigen Zeitpunktes, des richtigen Düngers und der richtigen Nährstoffmenge gibt es jedoch die unterschiedlichsten Auffassungen. Bei genauer Beobachtung der Rosen lässt sich ziemlich gut erkennen, ob das bisherige Vorgehen in Ordnung war. Treiben die Rosen im Frühjahr kräftig aus? Ist der erste Blütenflor üppig und andauernd? Setzt die Rose noch ein zweiten oder dritten Mal Blüten an? Hat das Laub eine gesunde grüne Farbe? Treten im Winter kaum Frostschäden auf?

Je mehr Fragen Sie mit »ja« beantworten können, umso besser ist Ihr bisheriges Düngeprinzip!

Vom richtigen Zeitpunkt

Betrachtet man den Ablauf eines Rosenjahres genauer, ergeben sich die richtigen Düngetermine von selbst.

Im März werden die Tannenzweige von den Rosen heruntergenommen und die Erde abgehäufelt. Die Sonne scheint häufiger und wärmer als noch im Februar. Beim genauen Betrachten der Rosen kann man bereits erkennen, dass die ersten Augen an den alten Trieben eine rötliche Farbe annehmen und anschwellen. Das ist ein sicheres Zeichen für den Anfang des neuen Rosenjahres. Damit sich die Triebe voll entwickeln können, müssen die Wurzeln ausreichend Zugang zu Wasser und natürlich auch zu den notwendigen Nährstoffen haben.

Der erste und wichtigste Zeitpunkt für eine Düngung ist also Ende März bis Anfang April. Die Nährstoffe, die der Rose hierbei zur Verfügung gestellt werden, reichen für ein gesundes Wachstum, für sattgrünes Laub und für einen üppigen Blütenansatz aus.

Nach dem ersten Blütenflor im Juni werden alle abgeblühten Blüten abgeschnitten und die Rose bildet neue Blüten. Jetzt ist die Zeit für eine kleine Nachdüngung, die von der Menge her aber nur noch die Hälfte der ersten Düngung betragen soll.

Genauso wichtig wie die Düngung ist das Absetzen derselben im August. Wird jetzt noch gedüngt, ist der Anreiz für ein weiteres Treiben zu groß, und die jungen, grünen Triebe frieren beim ersten leichten Frost ab. Die Rose muss ab August spüren, dass die Tage kürzer, die Nächte etwas kühler und die Nährstoffe

Rechts: Alles was der Rosengärtner benötigt: Schere, Bodenbearbeitungsgeräte, Handschuhe und Rosendünger.

weniger werden. Nur so kann sie ihr Wachstum einstellen und sich auf den Winter vorberreiten. »Verholzen« nennt man diesen Vorgang, der die Triebe eine bräunliche Farben annehmen lässt.

Die wichtigsten Nährstoffe für Rosen

Bei der Gabe von Nährstoffen ist darauf zu achten, dass sie in einem ausgewogen Mischungsverhältnis zueinander stehen. Einseitige Gaben können mehr schaden als nutzen.

Stickstoff (N)
Stickstoff ist der Wirkstoff, der vor allem für das Pflanzenwachstum und die Verzweigung zuständig ist. Stickstoffmangel führt schnell zu einer deutlichen Verringerung von Wachstum und Knospenbildung. Die Blätter werden heller und kleiner, die Verzweigung schwächer. Häufig ist eine vorzeitige Blütenbildung, die auch als Notblüte bezeichnet wird, zu erkennen. Stickstoffüberschuss zeigt sich in langen, dünnen Trieben, die einen sehr weiten Abstand zwischen den Blättern haben. Die Pflanze wächst überdurchschnittlich, setzt aber nur wenige Blüten an.

Phosphor (P)
Phosphor ist in der Pflanze ein wichtiger Baustein vieler Verbindungen, vor allem Eiweiß, und am Stoffwechsel aktiv beteiligt. Er fördert die Blüten- und Frucht-/Samenbildung. In normalen Gärtnerböden ist Phosphor in ausreichender Menge vorhanden und muss deshalb nicht speziell nachgedüngt werden. Ist zu viel Phosphor im Boden, wächst die Pflanze nur spärlich. Die Aufnahme einiger wichtiger Nährstoffe (z. B. Eisen) wird blockiert und es kommt zu weiteren Mangelerscheinungen, wie helles Laub mit dunklen Adern, oder Kümmerwuchs. Dieser Nährstoff wird nicht aus dem Boden ausgewaschen. Er reichert sich in tiefer Bodenschichten an und kann der Pflanze langfristig schaden.

Kalium (K)
Kalium verbessert den Wasserhaushalt der Pflanzen und ihre Haltbarkeit. Eine gute Kalium-Versorgung senkt den Wasserverbrauch der Rosen, sorgt für ein festes Gewebe der Pflanzen, sowie einen stabilen Aufbau der Triebe und der Wurzeln. Im Herbst ist Kalium ein guter Nährstoff, um die Winterhärte der Rosen zu erhöhen. Kaliummangel zeigt sich in braunen, vertrockneten Rändern der Blätter. Ein Zuviel an Kalium bewirkt Wuchshemmungen.

Magnesium (Mg)
Dieser Nährstoff wird für die Bildung des Chlorophylls benötigt - Magnesium sorgt also für ein gesundes Blattgrün. Besteht ein Mangel, werden die Blätter hellgrün und die Blattränder wellen sich etwas.

Weitere wichtige Spurenelemente
Eisen (Fe), Mangan (Mn), Zink (Zn), Kupfer (Cu), Chlor (Cl), Bor (B), Molybdän (Mo).

Auf dem Markt erhältliche Düngerformen

Mineralische Dünger
Mineralische Dünger sind chemisch produziert und bestehen aus Mineralsalzen. Sie sind durch ihre sofortige Verfügbarkeit für die Rose schnell wirksam. Allerdings hält die Düngewirkung auch nur kurzfristig an. Alle Nährstoffe, welche die Rose nicht aufnehmen kann, werden ziemlich rasch aus dem Boden ausgewaschen. Mineralische Dünger werden eingesetzt, wenn die Rosen massive Mangelsymptome aufweisen. Ist der Mangel klar definiert, kann ein bestimmter Nährstoff auch einzeln ausgebracht werden. Für die regulären Düngetermine im März und Juli sollte allerdings auf sie verzichtet werden, da sich ansonsten der Salzgehalt, der nach der Ausbringung im Boden bleibt, über die Jahre anreichert und so für großen Schaden an den Rosen sorgen kann.

Frisch gepflanzte Rosen dürfen auf keinen Fall mit mineralischen Düngern versorgt werden, da die Gefahr massiver Verbrennungen der Wurzeln besteht.

Langzeit- oder Depotdünger
Für Balkonkästen und Sommerblumen sind Depotdünger schon viele Jahre auf dem Markt. Langzeit-Rosendünger werden erst seit kurzem von einigen Herstellern angeboten.

Bei dieser Düngeform handelt es sich um einen mineralischen Dünger, der in eine Harzhülle eingepackt ist. Diese Hülle setzt den Dünger über 6 Monate hinweg langsam frei. Zusätzlich ist ein Anteil mineralischer Dünger ohne Hülle beigemischt, damit die Versorgung ab dem Düngezeitpunkt sofort gewährleistet ist. Der Vorteil dieser Dünger besteht in einer ausgewogenen, lang anhaltenden Wirksamkeit, die kaum Salzablagerungen im Boden hinterlässt. Der Nachteil: Es muss definitiv im März gedüngt werden, da zu einem späteren Düngezeitpunkt die Wirksamkeit zu weit in Herbst hinein reicht und die Abhärtung für den Winter negativ beeinflusst. Für Rosen in

Übersicht – die besten Rosendünger

Name	Inhaltsstoffe	Ausbringung	Besonderes
Euflor Rosendünger	6 % N, 8 % P, 10 % K, 2 % MgO, 1 % Fe	50–60 g/m²	
Floragard Rosendünger	10 % N, 5 % P, 12 % K, 3 % MgO	40 g/m²	Spurennährstoffe enthalten
Oscorna Rosendünger	6 % N, 9 % P, 1 % K	Im Frühjahr 120 g/m², Juni 50 g/m²	rein organisch
Neudorff Rosendünger Azet	7 % N, 7 % P, 5 % K	Angabe auf der Packung	rein organisch
Gärtner's Rosendünger	9 % N, 9 % P, 10 % K, 2 % MgO	40–50 g/m²	
Compo Rosen Langzeitdünger	14 % N,10 % P, 14 % K, 2 % MgO	Angabe auf der Packung	Spurennährstoffe enthalten, nur eine Düngung für 6 Monate
Compo Rosendünger plus Guano	11 % N, 5 % P, 11 % K, 3 % MgO, 5 % CaO	Angabe auf der Packung	
Hornoska Rosendünger	7 % N, 5 % P, 9 % K, 2 % MgO	50–80 g/m² in zwei Gaben (März, Juni)	Spurennährstoffe enthalten

N = Stickstoff, P = Phosphor, K = Kali, MgO = Magnesiumoxid, Fe = Eisen

Töpfen ist diese sehr teure Alternative zu empfehlen, im Beet sind andere Dünger erfolgversprechender und günstiger.

Organische Dünger

Organische Dünger bestehen, wie der Name schon sagt, aus organischen Bestandteilen. Organische Stoffe müssen erst von Mikroorganismen zersetzt werden, bevor sie für Rosen verfügbar sind. Diese Düngeformen haben keinerlei schädliche Nebenwirkung für den Boden und die Pflanzen; sie fügen sich harmonisch ins Bodenleben ein und fördern dieses. Da von den winzigen Lebewesen nicht alle Teilchen auf einmal zersetzt werden können, sind organische Nährstoffe natürliche Langzeitdünger. Der bekannteste organische Dünger ist der Kompost. Aber auch Mist und flüssiger Dung gehören zu dieser Kategorie. Da man als Gartenbesitzer aber nicht automatisch eine Kuh hat, werden viele Produkte, wie Hornspäne, Guano und getrockneter Hühner- oder Rindermist abgepackt verkauft. Das hat den Vorteil einer homogenen Düngewirkung und einer guten Lagerbarkeit.

Organisch-mineralische Dünger

Diese Düngeform ist die perfekte Variante. Ein Teil der Nährstoffe ist organische Substanz, also sehr lange wirksam und für Boden und Pflanze unschädlich. Der andere Teil ist mineralisch, dadurch sofort wirksam und mit Spurennährstoffen angereichert. Fast alle Rosendünger sind Volldünger, d. h. in ihnen sind alle Nährstoffe und Spurennährstoffe enthalten und setzen sich aus künstlichen und natürlichen Komponenten zusammen.

Hervorzuheben ist unter den handelsüblichen Düngern der Azet Rosen-Dünger der Firma Neudorff, dem noch bodenbelebende Mikroorganismen (Azetobacter) beigefügt wurden. Die Zersetzung des organischen Materials wird dadurch, vor allem in mageren Böden, verbessert und beschleunigt.

Düngerausbringung

Am besten wird der Dünger auf frisch gelockerten Boden gestreut und flach mit der Hacke eingearbeitet. Die Empfehlungen auf der Packung sind unbedingt einzuhalten, denn der Spruch »nur viel hilft viel« gilt beim Düngen definitiv nicht. Überdüngte Böden sind nur schwer und langwierig in den Griff zu kriegen. Ein feuchter Boden nimmt die Nährstoffe leichter auf, als ein trockener. Ein Angießen ist empfehlenswert, allerdings nur in geringen Mengen, da sonst der Dünger zu tief in den Boden gespült wird.

Überwintern

Eine große Wissenschaft ist für viele Rosenliebhaber das Zauberwort »überwintern«. Begriffe, wie Anhäufeln, Reisigabdeckung, Stamm umlegen, klingen nach Arbeit und Materialaufwand, um die nötigen Vorkehrungen für harte Winter zu treffen. Hier ein paar Erklärungen zum Thema Rosen im Winter, die dieses Hexenwerk etwas verdeutlichen und vereinfachen sollen:

1. Winterabdeckung:
Rosen sind durchaus sehr frostverträglich. Das Problem ist der ständige Wechsel zwischen sehr niedrigen Temperaturen z. B. Nachts, und anschließendem Sonnenschein mit Gradzahlen weit über Null. In kalten Regionen Deutschlands sind an einem sonnigen Rosenstandort im Februar Nachttemperaturen von –20 °C und anschließend +20 °C am Tag keine Seltenheit. Diese enorme Differenz lässt Rosen fest einfrieren und ein paar Stunden später wieder auftauen, was eine hohe Feuchtigkeit in den Rosenstock bringt. Diese Nässe friert in der folgenden Nacht wieder fest. Das Ziel der Winterabdeckung mit Tannenzweigen ist, diese Temperaturdifferenz zu reduzieren.

Ist die Rose geschützt, entstehen nachts vielleicht nur noch – 12 °C unter den Zweigen. Tagsüber werden die Sonnenstrahlen durch den Schutz gemildert, und es kommt nur noch zu Temperaturen um +10 °C. Bei unserem Beispiel sind das 18 Grad weniger als ohne Schutz – und damit kein Problem mehr für die Rose.

Zusätzlich mildern die Zweige auch kalte Winterwinde ab, die eine starke Austrocknung des Bodens und der Triebe mit sich bringen. Liegt kein Schnee, kann das gefährlich für die Rosen werden. Scheint die Sonne im Frühjahr zeitig und bringt warme Temperaturen mit sich, regt das die Rose an, das erste Wasser aus dem Boden zu ziehen, um den ersten Austrieb vorzubereiten. Ist keine Feuchtigkeit vorhanden, trocknet die Rose ein und treibt entweder sehr verspätet oder gar nicht mehr aus.

Eine Reisigabdeckung ist für alle Rosen bis zu 1 m Höhe empfehlenswert. Tannenzweige eignen sich besser als Fichtenzweige, da sie ihre Nadeln länger behalten. Bei einer Fichtenabdeckung kann es passieren, dass bereits im Februar alle Nadeln abgefallen sind und nur noch die dürren Äste stehen, die keinen Schutz mehr bieten.

2. Anhäufeln
Unter Anhäufeln versteht man das ca. 10 bis 15 cm hohe Aufbringen frischer Erde um den Rosenstock herum. Diese Maßnahme ist vor allem in kalten Regio-

Oben: Auch ein winterlicher Garten – hier mit erstarrten Rosen – kann seine Reize haben.

Tannenzweige sind eine hervorragende Abdeckung. Töpfe werden am besten mit Noppenfolie eingehüllt und auf Füßchen gestellt.

nen notwendig. Üblicherweise gilt dieser Vorschlag für Gebiete ab über 500 m Höhe über dem Meeresspiegel. Es dient zum Schutz der Veredlungsstelle, des oberen Wurzelbereiches und der Triebe, die direkt über der Veredlungsstelle ansetzen. Je höher eine Veredlungsstelle sitzt, um so dringender ist ein Anhäufeln im Dezember. Das beste Material ist frische Pflanzerde oder alter abgelagerter Kompost (mindestens 3 Jahre alt), der keine Düngerwirkung mehr hat. Eine Düngung im Winter ist völlig sinnlos, da die Pflanzen keine Nährstoffe aufnehmen können. Und bitte keinen Torf verwenden! Dieses Material ist dafür viel zu wertvoll; außerdem bietet er von seiner Struktur her nicht den optimalen Schutz.

Ist der Boden im Frühjahr frostfrei und die ersten Triebknospen der Rosen schwellen an, muss der kleine Erdhügel großflächig um die Rose herum verteilt werden. Meist ist Anfang bis Ende März der richtige Zeitpunkt.

3. Einpacken
Größere Rosenexemplare werden gerne eingepackt statt abgedeckt. Das Wichtigste ist dabei, dass keine luftundurchlässigen Materialien, wie beispielsweise Kunststofffolien, verwendet werden: Die Pflanzen müssen atmen können, und dazu muss die Luft zirkulieren. Hervorragend eignen sich Bast- und Bambusmatten, Jutesäcke und Vlies. In die Verpackung aus den genannten Materialien wird Herbstlaub geschüttet, so dass der Rosenstock eine natürliche Wärmeschicht um sich herum hat.

Welche Rosen werden wie geschützt?

Beet- und Edelrosen

Ein Anhäufeln und Abdecken mit Reisig im Dezember ist ratsam. Das Abräumen der Zweige und Abhäufeln ist im März zu erledigen, damit sich der neue Austrieb ungehindert entwickeln kann.

Kleinstrauch- (Bodendecker-) und Strauchrosen

Die meisten Vertreter dieser Gruppe benötigen nur in den ersten Jahren einen Winterschutz. Bei den Kleinstrauchrosen reicht ein Anhäufeln aus, da sie sehr robust sind.

Auch für die meisten Strauchrosen gilt diese Empfehlung. Empfindliche Strauchrosen und Strauchrosen an exponierten Standorten dagegen sind für ein Einpacken sehr dankbar. Man sollte nie vergessen, dass ein Winterschaden für Rosen, wenn sie überleben, gravierende Folgen hat. Meist muss die Pflanze komplett neu aufgebaut werden, das heißt die Rose bleibt kleiner als in den Vorjahren und blüht auch schwächer, da sie ihre ganze Kraft in die neuen Triebe stecken muss.

Kletterrosen

Nur der untere Bereich (bis ca. 1 m Höhe) der Kletterrosen muss im Winter vor den Wintergefahren geschützt werden. Ist der

Rechts: Das Einpacken mit Bastmatten hat sich als Winterschutz besonders gut bewährt. Dieses Material lässt die Luft zirkulieren und hält trotzdem extremen Temperaturschwankungen stand.

Standort direkt an einer Wand mit Spalier, können problemlos größere Tannenzweige eingeschoben werden.

Ein Rosenbogen sieht mit einer Verpackung aus Tannenzweigen im Winter sogar richtig hübsch aus. Die Zweige werden mit einer Schnur um die Rosentriebe und den Bogen gewickelt. Und mit ein paar Weihnachtskugeln aus Kunststoff ist die Weihnachtsdekoration gleich mitgestaltet. Der untere Bereich von freistehenden Kletterrosen an Obelisken oder unter alten Bäumen wird auch gerne in Bast- oder Bambusmatten eingepackt, die mit Herbstlaub ausgestopft sind. Ab dem 5. Standjahr benötigen Kletterrosen nur noch in sehr harten klimatischen Bedingungen einen Winterschutz.

Stammrosen

Bei Stammrosen liegt die Veredlungsstelle nicht zwischen Wurzel und Stamm, sondern zwischen Stamm und Krone. Dieser Bereich muss im Winter besonders gut geschützt werden, da die Veredlungsstelle keinen Schutz durch das Erdreich hat. Bei jungen Stammrosen wird häufig das Umlegen des Stammes und das Eingraben der Krone empfohlen. Beim Umlegen wird der Stamm so weit zum Boden gebogen, bis die Krone aufliegt. Anschließend wird die Veredlungsstelle mit der Krone so mit Erde bedeckt, dass sich der Stamm nicht mehr aufrichtet. Oft wird auch der Stamm mit Hilfe eines u-förmig gebogenen Metallstabes am Boden fixiert.

Eine andere Möglichkeit ist das Einpacken. Der ganze Stamm mit der Krone wird eingewickelt und der untere Bereich zusätzlich mit Laub aufgefüllt. Damit die Krone nicht zu ausladend bleibt, werden die Triebe auf die Hälfte ihrer Länge eingekürzt. Ein Jutesack über die Krone und die Veredlungsstelle gestülpt erfüllt auch seinen Zweck. Allerdings sollte der Stamm zusätzlich mit Jutestreifen umwickelt werden, um Frostrissen am Stamm vorzubeugen.

Links: Auch Stammrosen benötigen einen Winterschutz: bei ihr werden sowohl Stamm, als auch Krone eingepackt.

Sommerpflege

Bei einem gut gewählten Standort ist die Sommerpflege relativ wenig arbeitsaufwändig, da Rosen genügsame Pflanzen sind.

Gießen

Rosen brauchen nicht viel Wasser aus der Gießkanne, da sie sehr tief wurzeln können und so fast immer in der Lage sind, einen Wasservorrat in tieferen Bodenschichten anzuzapfen. Allerdings muss man ihnen auch die Chance geben so tief zu wurzeln. Nach der Pflanzung ist viel Wasser für ein zügiges Anwachsen nötig. Treibt die Rose allerdings üppig aus und setzt die ersten Blütenknospen an, sollte die Wasserzufuhr reduziert werden. Nur so erhalten die Rosen einen Anreiz mit ihren Wurzeln in der Tiefe nach Wasser Ausschau zu halten. Ist immer ausreichend Wasser in den oberen Erdschichten vorhanden, bleiben auch die Wurzeln in diesem Bereich und werden nicht zur weiteren Ausbreitung animiert. Trocknet diese Schicht allerdings mehr aus als üblich, sind tiefer wurzelnde Rosen wesentlich besser gerüstet, da sie an tiefer liegende Wasserquellen herankommen. Für den Frühjahrsaustrieb ist meist noch vom Winter genug Wasservorrat im Boden vorhanden. Nur in sehr trockenen Frühjahrsmonaten ist

Links: Sommerliches Ambiente 'Abraham Darby' fühlt sich wohl in der Gesellschaft von Glockenblumen.

eine kräftige Wassergabe für den Start des Rosenjahres notwendig. Im Hochsommer ist ein gelegentliches kräftiges Gießen empfehlenswert, da eine zu starke Trockenheit Pilzkrankheiten begünstigt.

Grundsätzlich stehen Rosen lieber etwas trockener als zu nass.

Das Schlimmste, was der Rosengärtner seinen Lieblingen antun kann, ist ein tägliches Gießen von oben über die Blätter. Das für Rosen dringend benötigte Abtrocknen der Blätter und Triebe fällt somit aus, und die Anfälligkeit für Krankheiten steigt ins unermessliche. Ganz wichtig: Rosen wollen nur von unten gegossen werden, und das am besten morgens!

Bodenbearbeitung

Ein altes Gärtnersprichwort lautet: Einmal gehackt ist wie 10-mal gegossen. Durch ein Auflockern und Zerkleinern des Bodens wird die Oberfläche vergrößert, denn viele kleine Teilchen haben eine größere Oberfläche als ein großes Teil. Das Wasser im Boden wird dadurch besser gebunden und ist für die Pflanze längerfristig verfügbar. Eine bessere Durchlüftung des Bodens und eine aktivere Entwicklung des Bodenlebens sind willkommene Begleiterscheinungen. Auch für Rosen ist diese lockere Umgebung sehr wichtig, da bei jedem Hacken auch viel auflaufendes Unkraut beseitigt wird. Da die Gefahr einer Wurzelbeschädigung beim Hacken sehr hoch ist, wird eine sehr flache (bis 5 cm) Bearbeitung empfohlen, die 3- bis 4-mal über die Gartensaison verteilt durchzuführen ist.

Abschneiden verwelkter Blüten

Unter jeder Blüte und jedem Blütenbüschel stehen Blätter, die nicht voll entwickelt sind. Sie haben eine geringere Anzahl an Fiederblättern als die übrigen, weiter unten ansetzenden Blätter. Ist ein Blütenstand verwelkt, wird er mit diesen Blättern entfernt. Knapp über dem ersten voll entwickelten Blatt wird also die Schere angesetzt. Wird bei diesem Sommerschnitt zu viel Laub mit der Blüte entfernt, treibt die Rose mehr ins Laub als in den Ansatz neuer Knospen, was zu einer Verzögerung des zweiten Blütenflors führt.

Unten: Verwelkte Blütenstände werden zusammen mit dem ersten voll ausgebildeten Blatt abgeschnitten.

3 GESTALTEN MIT ROSEN

Mit Rosen lassen sich hervorragend Beete gestalten. Ob reine Rosenrabatten oder Mischformen mit anderen Pflanzen – der Vielfalt sind hier keine Grenzen gesetzt, zumal Rosen sich gut mit den unterschiedlichsten Pflanzen vertragen. Auch kann die Periode, in der die Rosen keine Blüten tragen, mit anderen Pflanzen kompensiert werden.

Farben im Rosenbeet

Eine Farbauswahl zu treffen ist immer eine persönliche Geschmacksache. Ob es sich um den Anstrich eines Wohnzimmers oder eine neue Hose handelt, die Auswahl sollte immer gut überlegt sein.

Im Garten geht man sehr großzügig mit Farben um. Bunte Blumen verbreiten gute Laune; im Sonnenschein der warmen Sommertage kann es gar nicht farbenfroh genug sein. Trotzdem sollte eine gewisse Auswahl an Farben, die dem Gartenbesitzer besonders gut gefallen oder die optimal zur Hausfarbe passen, stattfinden. Die Abstimmung der ausgesuchten Farben untereinander ist meist das schwierigste Unterfangen. Häufig werden alle verfügbaren Pflanzen einfach nebeneinander gesetzt, ohne auf die Farbkombination und die Blütezeit der einzelnen Blumen zu achten. Orangefarbene Ringelblumen passen nun mal nicht ins unmittelbare Umfeld von zartrosa blühenden Rosen. Mit ein wenig Blau und Weiß dazwischen sieht es schon wieder viel besser aus.

Je mehr man sich mit den Farben und der Farblehre beschäftigt, umso mehr wird einem der Einfluss der verschiedenen Farben auf unser Leben bewusst.

Die wichtigsten Farben und ihre Bedeutungen

1. Rot: Rot ist die Farbe des Feuers und der Liebe. Es ist eine sehr energiegeladene Farbe, die Kraft und Vitalität ausstrahlt. Wird sie zu massiv verwendet, kann sie jedoch auch aggressiv, brutal und bedrohlich wirken.

Rote Rosen sind im Garten eine Augenweide, vor allem in Beeten, die etwas weiter von Sitzplätzen entfernt sind. Dort können sie ihre fantastische Fernwirkung voll zur Geltung bringen. Sie sollten nicht großflächig verwendet werden, sondern einzeln oder in kleinen Gruppen mit beruhigenden Farben wie grün, blau und weiß kombiniert. So entfaltet sich der Glanz roter Rosen besser als bei einer dichten Pflanzung.

Rot war schon immer die wichtigste Farbe der Rosen. Rot als die Farbe der Liebe und die Rose als Blume der Liebe sind praktisch wie füreinander geschaffen. In den letzten Jahren blieb der Trend zu Rot bei den Schnittrosen der Floristen. Im Garten wurde er zunehmend abgelöst von zarten Pastelltönen, wie Lachs, Apricot und Zitronengelb. Neu gezüchtete Rosensorten sind momentan nur selten rot. Auch hier dominieren die genannten Farben.

2. Gelb: Gelb ist die Farbe der Sonne. Sie bringt Freude, Licht und Optimismus in unser Leben. Sie steht für Offenheit, Freiheit und Kontaktfreudigkeit.

Im Garten ist Gelb immer ein leuchtender Lichtblick, der gute Laune verbreitet.

Linke Seite: Gelungene Farbkomposition: samtiges Rosenrot mit leuchtendem Ritterspornblau.

Rechts: 'Chorus' besticht mit reinem, kräftigen Rot.

Die Farbe Gelb bei Rosen wurde erst Ende des 18. Jahrhunderts aus China eingeführt. Bis heute sind gelbe Rosen etwas schwächer im Wuchs und oft auch empfindlicher als ihre weißen, rosaroten und reinrosa Vorfahren. Die ersten Rosenblüten im Jahr ab Mitte Mai sind die gelb blühenden Wild- und Parkrosen, wie Rosa hugonis, 'Maigold' oder 'Frühlingsgold'.

Im Rosenbeet sind kräftig gelbe Rosen ein herrlicher Farbklecks. Mit den Farben Rosa, Pink und Lila sollte man im näheren Umfeld gelber Rosen etwas vorsichtig sein. Besser passen Weiß, Orange, Rot und Blau. In dieser Farbumgebung können sie richtig strahlen, wie man es von ihrer leuchtenden Sonnenfarbe erwartet.

3. Weiß: Weiß ist die Farbe der Unschuld, Reinheit und Vollkommenheit. Sie ist auf keinem Farbkreis zu finden, da sie erscheint, wenn die drei Farben Blau, Grün und Rot leuchten. Werden die drei Grundfarben ausgeschaltet, sehen wir schwarz. Weiß ist also das Gegenteil von Schwarz.

Die kühle, helle Farbe Weiß ist die wichtigste Farbe im Rosenbeet. Sie lässt sich mit allen anderen Farben kombinieren, ohne eine farbliche Disharmonie zu erzeugen. Weiße Rosen leuchten bis in die späte Dämmerung, wie keine andere Farbe. Sie besitzen eine unglaubliche Fernwirkung ohne aufdringlich zu wirken. Wer in ein bestehendes buntes Blumenbeet Rosen integrieren möchte, greift am besten zu weißen. Keine andere Farbe beruhigt gewagte Farbkombinationen so gut wie diese.

Sehr viele begehrte Begleitpflanzen der Rose sind weiß, denn unabhängig von der Farbe

Links: Die goldgelbe 'Graham Thomas' ist eine der begehrtesten englischen Rosen.

Rechts: 'Margaret Merrils' weiße Blüten sind filigran und machen in Beeten eine gute Figur.

Rechte Seite oben: Leuchtendes Blau und gerne verwendeter Rosenbegleiter ist der Rittersporn (Delphinium belladonna).

Unten: Grüner Kontrast und Beruhigung fürs Auge bietet Frauenmantel (Alchemilla mollis).

der Rosen schmücken sie das Beet mit einer filigranen Zartheit, die bei anderen Farben nicht zu finden ist.

4. Grün: Die Farbe der Wiesen und Wälder ist ohne Zweifel Grün. Sie ist eine sehr beruhigende Farbe und steht für Großzügigkeit, Wachstum und Hoffnung.

Eine sehr enge Verbindung zu fast allen Pflanzen ergibt sich durch das Laub oder die Nadeln. Als Blütenfarbe ist Grün eher selten, da sie sich nur schlecht vom Laub abhebt und somit ihren Zierauftrag nur unzureichend erfüllt.

Auch bunte Rosenblüten könnten ohne die beruhigende Umgebung des grünen Laubes nur schwer ihre volle Schönheit zur Schau tragen.

Im Garten hat Grün eine ganz ähnliche Wirkung wie Weiß. Unpassende Farbzusammenstellungen, wie z. B. Rot und Rosa werden durch eine grüne Pflanze dazwischen abgeschwächt und auf natürliche Weise beruhigt.

5. Blau: Blau ist die Farbe des Himmels, der Ferne. Eine ideale Farbe für unsere Gärten, denn sie steht gleichzeitig für Kraft, Sicherheit und Ruhe. Genau diese Eigenschaften erwarten wir von unserem Garten. Er soll uns Ausgeglichenheit bringen in unserem hektischen Alltag und die Möglichkeit geben, Kraft zu schöpfen für neue Aufgaben.

Nicht umsonst ist Blau im Blumenbeet eine sehr beliebte Farbe, die fast immer vertreten ist. Als Rosenfarbe ist sie uns allerdings bis heute versagt geblieben. Immer wieder kommen neue Züchtungen auf den Markt, von denen behauptet wird, dass sie blau sind. Bisher waren aber alle Dunkelviolett – von reinem, strahlendem Blau war keine. Da kommt es dem Rosengärtner sehr zugute, dass viele Stauden und auch einjährige Sommerblumen das ersehnte Blau ins Beet bringen. Egal welche Rosenfarbe im Blumenbeet vorherrscht, Blau passt immer dazu und sollte auch reichlich vorhanden sein.

Der Farbkreis

Der klassische Farbkreis nach Itten geht aus den drei Grundfarben gelb, rot und blau hervor. Aus Mischungen dieser Farben entstehen grün, orange und lila. Durch weiteres Mischen entstehen gelbgrün, blauviolett, gelborange und andere Zwischenfarben. Nach neuen Forschungen wäre es sinnvoll Grün zu den Grundfarben zu zählen, aber bis sich diese Theorie durchsetzt, vergeht wohl noch ein wenig Zeit.

Farbkombinationen

Man unterscheidet zwischen harmonischen und komplementären Farbkombinationen. Harmonische Farben liegen auf dem Farbkreis nebeneinander, wie z. B. gelb, orange und rot oder blaugrün, blau und lila. Sie wirken ruhig und zurückhaltend auf den Betrachter. Komplementäre Farben liegen auf dem Farbkreis gegenüber, wie orange und blau oder rot und grün. Sie sind sehr spannungsreich und wirken anregend.

Die Entscheidung für eine Farbzusammenstellung sollte

Unten: Ruhige Farbkombinationen liegen auf dem Farbkreis nebeneinander, kräftige Kontraste einander gegenüber.

Tipp zur Farbauswahl

Bevor es an die Planung eines neuen Rosenbeetes geht, sollten die gewünschten Farben feststehen. Suchen Sie sich zuerst Ihre Lieblingsfarbe oder -rose aus und stimmen dann die restlichen Farben darauf ab.

auch vom Hintergrund abhängig gemacht werden. Eine grüne Hecke kann alle Farbvarianten im davor liegenden Rosenbeet vertragen. Eine Terrasse mit farbigem Belag und bunten Polstern auf den Stühlen sollte mit dezenten, harmonischen Rosenfarben verschönert werden.

Rosenfarben

Die ursprüngliche Farbe der Rose ist Rosa. Im Laufe vieler Jahrhunderte entwickelten sich daraus die Farben weiß, karmesinrot, mauve und purpurn in allen Schattierungen. Alle Rosen, die bis zum Ende des 18. Jahrhunderts entstanden sind, blühen in einer dieser Farben.

Das berühmte Rosenrot und auch Gelb wurden zu diesem Zeitpunkt durch Rosenimporte aus China bei uns eingeführt. Allerdings verging noch weiter viel Zeit, bis rote und gelbe Sorten auf unserem Markt erhältlich waren.1872 wurde die erste rote Edelrose 'Chesthunt Hybrid' und erst 1898 die erste gelbe 'Soleil d'Or' gezeigt.

Bis heute werden immer wieder neue Farbnuancen gezüchtet. Ein momentaner Schwerpunkt liegt bei verschiedenen Pastelltönen, Orange und zweifarbigen Rosensorten. Und natürlich warten alle Rosengärtner immer noch gespannt auf die blaue Rose.

Dazu passende Farben

Weiß und Blau sind nicht nur wegen ihrem kühlen Kontrast zu den leuchtenden Rosen sehr gefragt. Sie haben den entscheidenden Vorteil, dass sie zu allen erdenklichen Rosenfarben passen. Sie bilden einen dezenten Rahmen für die Königin der Blumen und unterstreichen ihre majestätische Erscheinung. Mit diesen beiden Farben sollte im Rosenbeet nicht gespart werden. Rosa und Violett sind grundsätzlich wundervolle Begleiter für alle alten Rosenfarben (weiß, rosa, violett). Sie bilden ein harmonisches Farbgefüge und verbreiten ein romantisches Flair. Gelb und Orange eignen sich für pastellfarbene und weiße Rosen, da sie fröhlich und etwas knallig die zarten Rosentöne unterstützen.

Rot ist als Begleitfarbe etwas schwierig, denn erstens gibt es nicht sehr viele rote Stauden und zweitens stiehlt Rot der Rose selbst die Schau – was eher zu vermeiden ist.

Anlage und Gestaltung eines Rosenbeetes

Ein Rosenbeet im Garten ist ein wahrer Genuss für jeden Gärtner. Damit dieser Genuss nicht von unnötigen Problemen getrübt wird sind ein paar grundlegende Regeln zu beachten.

Da Rosen bekannt sind für ihre hohen Ansprüche, sollte als erstes der Standort für ein Rosenbeet festgelegt werden. Zwei Faktoren sind hierbei maßgeblich: die Sonne und der Boden (siehe Seite 12 und Seite 11). Als Sonnenanbeter sind Rosen für jeden hellen Strahl dankbar. Anspruchsvolle Rosen benötigen mindestens 5 Stunden wärmendes Sonnenlicht pro Tag, um einen ansprechenden Wuchs, viele Blüten und eine gute Gesundheit zu präsentieren. Zu dieser Kategorie gehören vor allem Edel- und Romantikrosen sowie viele Beet- und Strauchrosen. Weniger sonnenhungrige Rosen, wie Bodendecker-, Wild- und einige Strauchrosen, kommen auch an einem hellen Standort mit nur wenig oder sogar ohne direkte Sonneneinstrahlung klar. Der optimale Boden für Rosen ist lehmig-sandig, humos und vor allem tiefgründig und nicht verdichtet. Da Rosen sehr tief wurzeln, macht ihnen eine Kies- oder eine undurchdringbare Bodenschicht unter nur wenigen Zentimeter Humus zu schaffen. 60 cm sollte die durchwurzelbare Bodenschicht mindestens betragen, um ein dichtes und gesundes Wurzelwerk entstehen zu lassen. Eine andauernde Staunässe im Boden ist für Rosen tödlich: Lieber ist der Untergrund zu trocken als zu feucht, denn mit ihren langen Wurzeln kann die Rose in tiefere Bodenschichten eindringen, um so ausreichend Feuchte für ein gesundes Wachstum zu gelangen. Wenn der Sommer wirklich zu trocken ist, stellen die Rosen ihr Wachstum ein und warten auf Regen oder eine Gießkanne mit

Wasser. Nur selten vertrocknen Rosen über die Sommermonate. Dabei gilt: Je kleiner das Laub, um so hitzeverträglicher ist die Rose. In zu feuchten Böden verfaulen die Wurzeln dagegen relativ schnell, und die Rose geht innerhalb kürzester Zeit ein.

Ein häufig unterschätztes Kriterium für ein gesundes Rosenwachstum ist der Wind. Die Luftbewegung ist für das Abtrocknen am Morgen oder nach Regenfällen sehr wichtig. Bleibt die Feuchte zu lange auf den Blättern oder am Stock, entstehen schnell Krankheiten, wie Mehltau, Rosenrost oder Sternrußtau, die Rosen zum Teil sehr stark belasten. Zudem verhindert er die Entwicklung von Schädlingen; Spinnmilben z. B. entwickeln sich in trockenen, geschützten Ecken viel leichter als an einem luftigen Standort.

Oben: Reine Rosenbeete sind eher eine Seltenheit geworden. Zum Schutz gegen Krankheiten bevorzugen Gärtner heute Mischanlagen.

Unten: Für Rosenbeete im Garten kommen geschwungene oder geometrische Formen in Frage.

Formen von Rosenbeeten

Ist der geeignete Standort im Garten gefunden, stellt sich gleich die nächste Frage: Welche Form soll mein Beet bekommen und wie groß soll es werden?

Genau genommen kommen nur zwei Formen für ein Rosenbeet in Frage: Geschwungen oder geometrisch.

Geschwungene Beete lassen sich gut in bestehende Gärten integrieren und geben dem Garten ein harmonisches Bild. Sie nehmen den meist eckigen Grundstücken die rechten Winkel und damit auch die Strenge. Die Bepflanzung eines Beetes mit runden Zügen ist bei der Beachtung einiger Grundregeln relativ einfach.

Geometrische Beete können sehr klassisch und edel wirken, allerdings sollte der Standort nicht direkt an der Grundstücksgrenze liegen. Besser wählt man den Standort mitten im Garten als Trennung, an einer rechtwinkligen Terrasse oder an einem quadratischen Wasserbecken/Sitzplatz. Gradlinige Rosenbeete bilden mit einer Einfassung aus Pflanzen, z. B. niedrigem Buchsbaum oder Lavendel, eine geradezu klassische Einheit. Hochstamm-, englische und Romantikrosen sind die idealen Strukturgeber solcher Anlagen, die allerdings mit nur wenig verschiedenen Stauden unterpflanzt werden sollten.

Ein neu angelegtes Beet muss nicht nur von der Form, sondern auch von der Größe zum gesamten Garten passen. Kleine Beete

sind im Vorgarten schön anzusehen; in großen Gärten wirken sie etwas verloren. Wer genügend Platz hat, sollte großzügig planen, denn große Flächen bringen Ruhe und Ausgewogenheit in den Garten.

In kleinen Gärten ist ein raumgreifendes Rosenbeet oft nicht zu verwirklichen. Trotzdem wirkt eine größere Beetanlage gestalterisch wertvoller als viele kleine Blütenplätze, zumal Rosen gerne von vielen bunten Begleitern umgeben sind, die auch gewisse Platzansprüche stellen.

Ein großes, breites Beet entwickelt leichter einen Schwung, denn die Arbeit mit unterschiedlichen Pflanzenhöhen und -breiten, die Wiederholung verschiedener Pflanzgruppen und eine attraktive Form des Beetes bringen viel mehr Spannung und Dynamik in die gesamte Anlage. In einem größeren Beet ist das gärtnerische Ziel, das ganze Jahr über Akzente, wie Blüten, Fruchtschmuck und Laubfärbung, zu setzen, einfacher zu verwirklichen.

Bleibt nur ein kleiner Raum für ein Rosenbeet, muss die Auswahl der Rosen sehr vorsichtig getroffen werden. Zu viele Rosen auf engem Raum sehen eher nach Baumschule oder Verkaufsfläche aus als nach einer gut geplanten Beetanlage.

Hier gilt ganz klar der Grundsatz: Weniger ist mehr!

Eine attraktive Ausschmückung des Beetes mit den passenden Stauden und Gehölzen lässt wenige Rosen viel besser glänzen als eine massive Rosenanpflanzung.

Die Rose im Beet – Rose ist nicht gleich Rose

Oft wird die Rose als Königin der Blumen bezeichnet. Dies ist eine sehr ehrenwerte Bezeichnung, aber sie stellt alle Rosengruppen, wie z. B. Wild-, Strauch und Bodendeckerrosen, in den Schatten der Edelrose. Denn jeder sieht als Blumenkönigin automatisch eine große, kelchförmige, dicht gefüllte Rosenblüte vor sich. An kleine, einfache Wildrosenblüten mit vielen gelben Staubgefäßen denkt kaum jemand. Rosen lassen sich nicht in einem Oberbegriff zusammenfassen, denn sie sind äußerst unterschiedlich in Aussehen und Verwendung.

Im Rosenbeet kann eine einzelne Rose das absolute Highlight sein, es können aber auch 10 Rosen nur ein charmanter Rahmen für ein besonders schönes Gehölz darstellen.

Funktionen im Beet

In einem Blumen- oder Rosenbeet werden drei Pflanzenkategorien nach ihrer Funktion im Gesamtarrangement unterschieden:

Die Leitpflanzen

Sie sind groß und auffallend in ihrer Art. Sie bestechen durch einen attraktiven Wuchs, leuchtende Blüten oder ausgefallenes

Rosen als Begleitpflanzen: orange - gelb – blau – weiß

1 Hosta undulata 'Undulata'
2 Coreopsis verticulata
3 Erigeron
4 Helianthemum Hybr.
5 Alyssum saxatile
6 Stachys Lanata
7 Nepeta faassenii
8 Alchemilla mollis
9 Platycodon grandiflorus
10 Lavandulla Angustifolia
11 Narzissen
12 Tulpen
13 Husarenkopf
14 R. 'Marie Curie'
15 R. 'Fellowship'
16 R. 'Ice Heidiland'
17 Miscauthus
18 Delphinum
19 Helianthus
20 'Golden Border'
21 Spirea Augusta

Rosen als Leitpflanzen: rosa – blau – weiß
1 Campanula garganica 'Blaue Clips' – 2 Campanula garganica 'Weiße Clips' – 3 Chrysanthemum maximum – 4 Iberis sempervirens– 5 Salvia neumorosa – 6 Linnum Perenne – 7 Phlox subulata – 8 Lavandula Angustifolica – 9 Veronica Spicata – 10 Aster dumosus – 11 Geranium malagenise – 12 Briza media – 13 Pennisetum Alopecuroides – 14 Tulpen – 15 Muscari – 16 Steinkraut – 17 Männertreu – 18 R. 'Schneewittchen' – 19 R. 'Romanze' – 20 R. 'Dornröschenschloss'

Blütenmangel im Beet?

Gibt es in Ihrem Rosenbeet jedes Jahr um die gleiche Zeit einen Mangel an Blüten? Bummeln Sie einfach in dieser Zeit durch eine Baumschule oder Staudengärtnerei und suchen sich dort blühende Stauden aus, die farblich in Ihr Beet passen. Da mehrjährige Stauden immer zur gleichen Zeit blühen, ist das Problem schnell und dauerhaft gelöst.

Laub. Am besten werden sie einzeln verwendet, damit der imposante Charakter nicht von ähnlich hohen Pflanzen verdeckt wird. In sehr großen Flächen können auch kleine Gruppen von 3 oder 5 Leitpflanzen stehen, die allerdings auch eine großzügige Bepflanzung der Umgebung erfordern.

Strauch- und Romantikrosen sind in großen Beeten klassische Leitpflanzen. Mit einer Höhe von 1 bis 1,5 m und einer ähnlichen Breite sind sie sehr dominant und prägend für ein Beet.

Edelrosen und höhere Beetrosen, die eine Mindesthöhe von 70 cm aufweisen sollten, zählen ebenso zu den Leitpflanzen.

Die Begleitpflanzen

Sie haben eine Wuchshöhe von 30 bis 70 cm und sollten ein gutes Stück kleiner sein, als ihre zugehörigen Leitpflanzen. Ihre Aufgabe ist es, die Blüte und den Habitus der Leitpflanzen zu unterstreichen und blütelose Zeiten zu überbrücken.

Sie sind so etwas wie eine zweite Etage im Beet und sollten in kleinen Gruppen oder einzeln – aber wiederholt – um die großen Leitpflanzen herum gepflanzt werden.

Unter den Rosen sind die Beetrosen die gängigsten Vertreter in der Funktion von Begleitpflanzen. Sie können gut in Dreier- oder Fünfergruppen gepflanzt werden ohne zu wuchtig zu wirken.

Bodendeckerrosen ab 50 cm Höhe werden auch zu dieser Gruppe gezählt.

Die wichtigsten Begleitpflanzen im Rosenbeet sind Stauden, wie Ziersalbei, Storchschnabel und Frauenmantel und die klassischen Rosengehölze Lavendel und Buchs.

Füllpflanzen

Diese Lückenfüller sind sehr wichtig in jedem Beet, denn ohne diese dritte und niedrige Stufe, würden alle Beete nicht komplett aussehen und unharmonisch wirken.

Alle bis 30 cm hohen Bodendecker werden in dieser Gruppe zusammengefasst. Sie schließen alle Lücken, die nach den Leit- und Begleitpflanzen noch bestehen und sorgen für einen unauffälligen Übergang zwischen den höheren Gewächsen.

In Gruppen bis zu 10 Pflanzen bilden sie einen dezenten Rahmen, machen aber durch viele kleine Einzelblüten auf sich aufmerksam.

Eine einzelne Verwendung ist nur bei sehr flächig wachsenden Pflanzen zu empfehlen, da viele verschiedene Bodendecker sehr unruhig wirken.

Die niedrigsten Rosen, die für diese Kategorie in Frage kommen, sind die Zwergrosen und die flachen Bodendeckerrossen. Die meisten Vertreter kommen allerdings aus den Reihen der Stauden, wie Blaukissen, Sonnenröschen und Glockenblumen und der einjährigen Sommerblumen (z. B. Husarenköpfchen und Männertreu).

Links: Zusammen mit Rittersporn umschmeichelt diese Rose den alten Gartenzaun.

Blütenpracht im Rosenbeet

Am liebsten hätte jeder Rosengärtner das ganze Jahr über Blüten an seinen Rosensträuchern. Leider ist dies nicht möglich, so dass wir uns mit den Rosenmonaten im Sommer begnügen müssen. Die Zeit der Blüte ist aber durch intensive Züchtungsarbeit schon deutlich verlängert worden. Lange Zeit gab es ausschließlich einmal blühende Rosen auf dem Markt, die sich nach ihrer frühen Blüte im Mai und Juni auf die Ausbildung ihrer Hagebutten konzentrierte und diese im Herbst in leuchtenden Farben präsentierte. Auch heute noch gibt es viele einmal blühende Wild-, Kletter- und historische Rosen.

Moderne Rosen sind öfter blühend. Sie zeigen ihre Hauptblüte im Juni und Anfang Juli, nehmen sich anschließend eine kurze, ca. sechswöchige Regenerationspause, um ab Mitte August eine etwas schwächere Nachblüte zu bringen. Viele Rosen dehnen diese zweite Blütephase, sehr zur Freude des Gärtners bis zum Frost hin aus. Für die weitere Bepflanzung eines Rosenbeetes ist es wichtig, die Zeit vor der Hauptrosenblüte, die Blütenpause und den Herbst auszuschmücken und parallel dazu die Zeit der Rosenblüte zu unterstützen.

Planung eines Rosenbeetes

Viele Beete entstehen durch ein wildes Durcheinanderpflanzen von verschiedenen Stauden und Gehölzen. Mal waren im Nachbargarten einige Pflanzen übrig, dann gab es im Supermarkt wieder Rosen im Sonderangebot. Wuchshöhen, Blütefarben und -zeiten spielen dabei meist keine Rolle. Solche willkürlichen und spontanen Zusammensetzungen sind meist von kurzer Dauer. Spätestens im zweiten Jahr überwuchern die ersten Stauden ihre Nachbarn und bringen sie zum Absterben.

Um diesen Ärger zu vermeiden, empfiehlt es sich, vor dem ersten Spatenstich einen Plan auf Papier anzufertigen. Dazu wird die gewünschte Beetform maßstabsgetreu und relativ groß aufgezeichnet und die Quadratmeter mit kleinen Kreuzchen markiert. Das erleichtert das spätere Einzeichnen der Pflanzen entsprechend ihres Platzbedarfs.

Zuerst werden die großen Leitpflanzen eingetragen. Sie sollten zur Entfaltung möglichst einzeln im Abstand von mindestens 1,5 m voneinander entfernt stehen. Der Großteil der Leitpflanzen sollte aus Rosen bestehen, gemischt mit beispielsweise einem Rittersporn, einer Herbstaster oder einem hohen Ziergras.

Zeichnet man die Pflanzen farbig und schreibt die Blütezeit dazu, ist es leichter blütenlose Zeiten aufzudecken und unpassende Farbkombinationen zu vermeiden.

Anschließend werden die Begleitpflanzen (Stauden, Zwiebelpflanzen und Einjährige) in kleinen Gruppen um die Leitpflanzen angeordnet. Frühjahrs- und Herbstblüher spielen hierbei eine wichtige Rolle, da in diesen Zeiten bekanntlich keine Rosen blühen und das Beet dringend anderweitig aufgewertet werden muss. Farblich sollte auch hier eine genaue Abstimmung erfolgen, damit die rosarote Bechermalve nicht genau neben der roten Beetrosen steht. Zum Schluss werden die Füllpflanzen in Gruppen verteilt, wenn möglich in mindestens einer Wiederholung. Das spätere Aussehen des Beetes und die benötigte Pflanzenmenge ist auf dem Plan jetzt gut erkennbar und kann noch einmal nach den Kriterien Blütezeit, -farbe und Attraktivität übers ganze Jahr überprüft werden.

Einfassung

Jedes Rosenbeet gehört in irgendeiner Weise vom Rasen, der Terrasse oder der Hauswand abgetrennt. Dazu bieten sich mehrere Möglichkeiten für eine Beeteinfassung an. Die schönste Einfassung zu allen Rosen ist eine Hecke aus niedrig wachsendem Buchsbaum. Es ist zwar etwas pflegeaufwändig, die gesamte Hecke jedes Jahr mit der Heckenschere einzukürzen, aber der Aufwand lohnt in jedem Fall. Allein der wunderschöne Anblick, der die klaren Formen des Rosenbeetes sogar in der Winterzeit mit seinem leuchtend grünen Laub heraushebt, entschädigt für die aufwändige Pflegearbeit.

Bei größeren Beetanlagen eignen sich auch Lavendel oder Frauenmantel, die durch ihre Wuchshöhe zu Stammrosen ein harmonisches Bild abgeben.

Bei Steineinfassungen sind die unterschiedlichsten Variationen auf dem Markt: Betonsteine sind in ihrer Form sehr streng (quadratisch oder rechteckig) und liegen eben auf dem Boden auf. Für normale Blumenbeete sind Betonsteine sehr zu empfehlen, da sie eine stabile Grenze zu anderen Flächen bilden ohne aufdringlich zu wirken. Zu Rosenbeeten, die ein romantisches Märchenflair ausstrahlen, passen Natursteine, am besten Findlinge. Wird die Rückseite des Beetes noch mit einer etwas höheren Natursteinmauer eingefasst, die von einem Efeu und Glockenblumen umspielt wird, ist die Dornröschenidylle perfekt. Passend zur Steinumrahmung können noch einzelne Findlinge ins Beet gelegt werden.

Eine Einfassung aus roten Klinkersteinen verbreitet eine englische Stimmung, die zu Rosen wunderbar aussieht. In den meisten Gartenzeitschriften sind Mauern aus roten Klinkersteinen und davor ein großes Beet mit englischen Rosen abgebildet, um den klassisch englischen Stil zu demonstrieren.

Holzbegrenzungen in Form von Pallisaden passen zu naturnahen bunten Rosenbeeten, in denen Wild-, Kletter- (vor allem Ramblerrosen) oder einfache Strauch- und Bodendeckerrosen gepflanzt wurden. Sie unterstützen den natürlichen Charakter und bleiben unaufdringlich im Hintergrund.

Accessoires

Ob Bögen, Obelisken, oder Stützstäbe: an modischen Kunstgegenständen für Rosen mangelt es momentan nicht. Metall ist dabei das vorrangige Material für diesen ebenfalls aus England importierten Country-Stil. Rankgitter und Rosenbögen aus Holz sind dagegen nur schwer zu finden und oft auch teuer. Vor allem kunstvoll gestaltete Rankhilfen bieten Kletter- und Strauchrosen einen herrlichen Rahmen, der auch im Frühjahr oder Winter einen Blickpunkt im Beet bietet. In das Gerüst kann ohne weiteres die Reisig- oder Vliesabdeckung für den Winterschutz der Rosen eingefügt werden.

Steinfiguren aller Art zählen mittlerweile ebenfalls zur Rosenbeetgestaltung: Schlafende Kobolde, zarte Elfen und kichernde Gnome sitzen zwischen den Rosen und trösten über Blühpausen hinweg. Sie haben Putten und Löwen aus Stein abgelöst.

In der heutigen Zeit kommen viele Gartenbesitzer nur noch abends und am Wochenende in den Genuss ihrer Rosen. Eine romantische Beleuchtung gewinnt aus diesem Grund zunehmend an Bedeutung. Beleuchtete Steine, Solarleuchten aus Edelstahl oder einfache Windlichter spiegeln die Schönheit der Rosenstöcke auch in der Dunkelheit wieder.

Im bäuerlichen Rosengarten sind getöpferte Rosenkugeln und -säulen seit vielen Jahren Tradition. Die Rosenkugeln werden manchmal mit Stroh ausgestopft, damit sich Ohrenkäfer ansiedeln können und Läuse von den Knospen fressen. Solche alten Bräuche sollen durch moderne Trends nicht abgelöst werden. Wichtig ist nur, dass die eingeschlagene Stilrichtung konsequent beibehalten wird und das Beet nicht zu einer Ansammlung von Geschenken der letzten 10 Jahre wird.

Unten: Rosenkugeln sind bevorzugte Quartiere für Ohrenkäfer. Diese Gartennützlinge – mit einer Vorliebe für Läuse aller Arten – mögen ein weiches Strohbett in der Kugel.

Pflanzenkombinationen – was zu Rosen passt

Reine Rosenbeete sind ein bisschen aus der Mode gekommen, was gute Gründe hat. Zum einen sind die Pflanzen weitaus weniger anfällig, wenn sie in so genannten Mischkulturen angelegt sind. Zum anderen hat man aufgrund der unterschiedlichen Kombinationen das ganze Jahr über etwas Blühendes in seinem Beet. Und das allein ist Lohn genug für die Mehrarbeit.

Unten: Eine der beliebtesten Pflanzkombinationen sind verschiedenfarbige Rosen und Lavendel. Man geht davon aus, dass dieses Kraut Ungeziefer von Rosen fernhält.

Zwiebelpflanzen als Frühjahrsboten

Im Frühjahr blühende Zwiebelblumen zu Rosen:
Tulpen, Narzissen und Schneeglöckchen haben im Rosenbeet den Reiz der frühen Blüte. Nimmt man von den Rosen gerade die Winterabdeckung weg, sind sie schon in voller Blüte. Der geheime Wunsch eines jeden Gärtners ist ein ganzjährig blühendes Rosenbeet. Daher sind die Zwiebelblumen nahezu unentbehrlich. Vor allem Tulpen und Narzissen, die bereits im März mit ihrer Blüte beginnen, bereichern jedes Beet. Allerdings sollte der Standort der Zwiebeln gut durchdacht sein. Auf keinen Fall möchten die Zwiebelblumen in unmittelbarer Nähe zu den Rosen stehen, denn sie reagierte äußerst empfindlich auf Bodenbearbeitung: Wird bei der Düngerausbringung oder beim Unkraut jäten etwas zu tief gehackt, sind die Zwiebeln schnell beschädigt oder sogar zerstört. Ein gewisser Abstand ist also dringend notwendig. In den Sommermonaten, wenn das Laub der Zwiebelpflanzen eingezogen ist, muss der Gärtner beim Hacken trotzdem sehr vorsichtig sein. Tulpen und Narzissen gehören im Rosenbeet in den hinteren Bereich. In ihren Blütemonaten März und April sind weder Rosen noch Stauden so weit entwickelt, dass sie die leuchtende Pracht verdecken. Sie strahlen also auch, wenn sie nicht in der ersten Reihe stehen. Nach der Blü-

Tipps und Tricks aus der Gartenwelt

Für Narzissen und Tulpen gibt es spezielle Pflanzkörbe. Sie werden im Herbst, mit Zwiebeln und Erde bestückt, eingegraben. Nach der Blüte wird der gesamte Korb wieder ausgegraben und an einer versteckten Stelle im Garten über den Sommer gelagert. Das Laub kann in Ruhe einziehen, ohne das Bild des Rosenbeetes zu beeinträchtigen. An die freien Stellen im Rosenbeet werden einjährige Sommerpflanzen gepflanzt, die mit ihren zarten Blüten den ganzen Sommer ein Blütenmeer im Rosenbeet bilden.

Passende Zwiebelpflanzen in Rosenbeeten

Art	Höhe	Blütezeit	Blüte	Besonderes
Blaustern (Scilla)	5–15 cm	März bis April	blau	leuchtende Blütenfarbe
Hundszahn (Erythronium)	10–50 cm	April bis Mai	weiß, hellgelb	mehrere Blüten pro Stiel
Hyazinthen (Hyacinthus-Hybriden)	20–25 cm	März bis April	weiß, rosa, blau	üppige, duftende Blüten
Krokus (Crocus)	5–15 cm	Februar bis März	gelb, blau, lila, weiß	trichterförmige Blüten
Narzissen (Narcissus)	30–40 cm	je nach Art, oft im April	gelb, weiß, orange	viele verschiedene Blütenformen
Schachbrettblume (Fritillaria)	20–25 cm	April	weiß, violett	schöne, zarte hängende Blüte
Schneeglanz (Chionodoxa)	10–20 cm	März bis April	weiß, blau, rosa	hübsche Sternblüten
Schneeglöckchen (Galanthus)	15 cm	Februar bis März	weiß, klein, hängend	vermehrt sich selbst
Traubenhyazinthen (Muscari)	15 cm	April	blau	viele kleine Blüten
Tulpen (Tulipa)	10–60 cm	März bis Mai	gelb, rot, orange, rosa	viele Blütenformen und -farben
Windröschen (Anemone blanda)	5–10 cm	Februar bis April	blau, weiß, rosa	schöner Bodendecker, pflegeleicht
Winterling (Eranthis)	5–15 cm	Februar bis März	gelb	erste Blüte im Jahr
Zwerg-Iris (Iris reticulata)	25–30 cm	März	gelb, blau, violett	ausgefallene Blüte

Was bei Tulpen zu beachten ist!
Bei Tulpen gibt es drei Blütezeiten: früh (Mitte bis Ende April), mittelfrüh (Ende April bis Anfang Mai) und spät (Mai). Spät blühende Tulpen sind für unsere Gärten, die mit Rosen gestaltet sind, nicht sehr empfehlenswert. Sie blühen zu einer Zeit, in der die einjährigen Sommerblumen bereits im Beet stehen. Kein Gärtner will im Mai bei 25 °C noch Frühlingsblüher sehen. Auf dem Etikett der Zwiebelpackung also auf den Hinweis »früh« bzw. »mittelfrüh« achten.

te wird das Laub schnell unansehnlich. Es wird braun und meist matschig und ist wahrlich keine Zierde mehr. Stehen in dieser Zeit Rosen und Stauden im Vordergrund, wird der braune Rest des Laubes gut verdeckt und kann in aller Ruhe einziehen, was für die Blüte im darauffolgenden Jahr sehr wichtig ist.

Rechts: Das Windröschen (Anemone blanda) ist ein beliebter Bodendecker.

Oben: Eine zarte, unaufdringliche Begleitplanze ist der Storchschnabel, den es in unterschiedlichen Wachstumshöhen gibt.

Stauden – ganzjährige Schönheiten

Die beliebtesten Rosenkavaliere sind die Stauden. Als Stauden bezeichnet man Pflanzen, die jedes Jahr wieder aus der Wurzel heraus austreiben. Die alten Triebe werden im Herbst oder Frühjahr 5 cm über dem Boden abgeschnitten, da sie dem neuen, frisch austreibenden Laub sonst im Weg sind. Mit vielen verschiedenen Blütenfarben und -formen stehen sie der Rosenblüte zu Diensten und füllen Jahr für Jahr das Beet mit einer bezaubernden Fülle an Blüten. Eine geschickt ausgewählte Kombination verschiedener Stauden schafft es, von März bis Oktober blühende Akzente zu setzen und dem gesamten Rosenbeet ein harmonisches Aussehen zu verleihen. Die Pflegemaßnahmen bei Stauden sind gut mit denen bei Rosen vereinbar. Die Düngung der Stauden kann mit der Rosendüngung durchgeführt werden. Außerdem ist darauf zu achten, dass das aufkommende Unkraut 2- bis 3-mal im Sommer entfernt wird. Wie bereits erwähnt, gehört das Laub und die restlichen Blütenstände am besten im Herbst entfernt. Je nach Staude kann es alle 3 bis 4 Jahre nötig sein, die Pflanze auszugraben, zu teilen und neu einzupflanzen.

Wie variabel Stauden zu Rosen sind, kann man an den vielen verschiedenen Blüten sehen, die diese Pflanzengruppe bietet. Große Pfingstrosenblüten in kräftigen Farben passen hervorragend zu kleinblumigen, weißen Bodendeckerrosen. Zarte Ziersalbeirispen in dezentem Blau umspielen Beet- und Strauchrosen auch noch nach der ersten großen Rosenblüte. Niedrige Glockenblumen füllen bodendeckend kleine Lücken und der Rittersporn steht wie ein König mitten im Beet und beeindruckt sogar die Rosen, die im zur Seite stehen.

Verliebt sich der Gärtner in eine bestimmte Staudenart, ist es meist nicht schwer eine Sorte zu finden, die in einer passenden Farbe zu den Rosen blüht. Die Staudenzüchter sind ähnlich den Rosenzüchtern immer auf der Suche nach neuen Farben, Blütenformen und natürlich nach gesundem Ausgangsmaterial für interessante Züchtungen.

Zarte Gräserkombinationen

Botanisch gesehen gehören die Gräser zu den Stauden, da auch sie jedes Jahr neu aus der Wurzel

Passende Stauden für Rosenbeete

Lat. Name	Dt. Name	Höhe	Blüte	Besonderes
Aubrieta Hybr. 'Blauer Schatz'	Blaukissen	10 cm	blau, April	bodendeckend
Campanula glomerata 'Acaulis'	Zwergknäuelglockenblume	20 cm	blau	straff aufrechter Wuchs
Campanula poscharskyana	Glockenblume	15 cm	weiß, blau; Juni bis September	lange Triebe, bodendeckend
Delphinium grandiflorum 'Blauer Zwerg'	Zwergrittersporn	30 cm	blau; Juni bis September	etwas frostempfindlich
Geranium cinereum 'Ballerina'	Zwergstorchschnabel	15 cm	rosa; Juni bis September	zierliches, schönes Laub
Geranium himalayense	Himalaya-Storchschnabel	40 cm	hellblau; Juni bis Juli	auffälliges Laub
Gypsophylla repens 'Rosenschleier'	Schleierkraut	40 cm	rosa gefüllt; Juni bis August	bizarrer Wuchs
Iberis sempervirens	Schleifenblume	20 cm	weiß; April bis Mai	immergrün
Phlox subulata	Polsterphlox	10 cm	weiß, blau, rosa, rot; April bis Mai	
Saponaria ocymoides	Seifenkraut	15 cm	rosa; Juni bis Juli	
Saxifraga Arendsii-Hybriden	Polstersteinbrech	10 cm	rosa; April	bodendeckend
Teucrium chamaedrys	Gamander	20 cm	rosa; Juli bis August	ausgefallene Blüte
Veronica longifolia	Ehrenpreis	70 cm	blau; Juli bis August	

Empfehlenswerte Gräser für Rosenbeete

Sorte	Dt. Name	Höhe	Blütenstand	Besonderes
Carex atrata	Segge	10–30 cm	aufrecht, dezent	leicht blaugrün
Cortaderia selloana 'Pumila'	Pampasgras	2 m	silbrige, stattliche Wedel	etwas frostempfindlich
Hystrix patula	Flaschenbürstengras	60 cm	weiß behaarte, lockere Rispen	im Winter sehr schön
Miscanthus sinensis 'Gnom'	Chinaschilf	30–40 cm	lockere Ripsen	Zwergform des Chinaschilfes
Molinia caerulea 'Heidebraut'	Pfeifengras	60–100 cm	starr aufrecht, duftige Rispen	schöne Herbstfärbung
Pennisetum alopecuroides 'Hameln'	Lampenputzergras	60–80 cm	dichter, langer Büschel	alle 4 Jahre teilen
Pennisetum alopecuroides 'Little Honey'	Lampenputzergras	– 50 cm	dichter, langer Büschel	panaschiertes Laub
Stipa capillata	Büschelhaargras	80 cm	lockere Grannen mit filgranen Fäden	sehr zartes Gras

Oben: Gräser haben in Mischbeeten eine harmonisierende und beruhigende Wirkung fürs Auge. Ihre unaufdringliche Färbung und immer schlanken Formen bieten eine wohltuende Unterstreichung.

treiben. Wegen ihrer besondere Ausstrahlung, werden Gräser häufig separat erwähnt.

Auf der Suche nach Pflanzen, die das Gartenjahr verlängern, sind Gräser für einen attraktiven Herbst nicht mehr wegzudenken. Ab August zeigen die meisten Arten ihre zarten Ähren und Blütenstände, die sich sanft im Herbstwind wiegen. Auch schon vorher, ab April, ist das schmale, leicht überhängende Laub für die Rosen ein schöner, ruhiger Hintergrund.

Gräser werden nicht schon im Herbst, sondern erst im Frühjahr auf eine Länge von ca. 10 cm zurückgeschnitten. So bleiben die Blütenstände über den Winter stehen und geben dem Winterbeet eine besondere Note. Nach dem Rückschnitt im März ist eine Düngung empfehlenswert, damit der neue Austrieb nicht allzu lange auf sich warten lässt.

Hoch wachsende Gräser bilden einen ruhigen dezenten Hintergrund für Rosen. Mit ihren leichten Blütenständen, die meist weit über das Laub hinausragen unterstützen sie die Rosenblüte in ihrer Wirkung. Bei näherer Betrachtung ähnelt diese Kombination einem Rosenstrauß, der mit Gräsern gebunden wurde.

Passende Kräuter für Rosenbeete

Lat. Name	Dt. Name	Blüte	Besonderes
Artemisia ludoviciana 'Silver Queen'	Edelraute	unauffällig	graues Laub, bodendeckend
Lavandula angustifolia ' Hidcote Blue'	Lavendel	blau	guter Duft
Salvia officinalis 'Berggarten	Salbei	blau	kompakter Busch
Santolina chamaecyparissus	Heiligenblume	gelbe Köpfchen	graues zartes Laub
Thymus x citriodorus 'Silver King'	Zitronenthymian	rosa, in kleinen Quirlen	weißgrünes Laub
Origanum vulgare 'Compactum'	Dost, Majoran	rosa, in kleinen Rispen	kleiner Busch mit hellgrünem Laub

Niedrig wachsende Gräser werden dagegen meist zwischen oder vor Rosen gepflanzt. Zarte Grasrispen in der Nachbarschaft verleihen sehr großen, dicht gefüllten Rosenblüten eine unnachahmliche Leichtigkeit.

Gräser und Bodendeckerrosen mit vielen kleinen Blüten geben dem Beet einen naturnahen Charakter, der auch etwas verwildert sein darf. Hier empfehlen sich zusätzlich Kräuter und zarte Stauden, die großflächig oder in häufigen Wiederholungen gepflanzt werden.

Kräuter als duftende Bereicherung

Viele Kräuter werden wegen ihres intensiven Geschmacks in unseren Gärten verwendet. Für den Salat Schnittlauch und Petersilie, für den Hustentee Salbei und für den Cocktail Minze. Dass viele Kräuter wunderschön blühen und deshalb auch im Stauden- oder Rosenbeet ihre Berechtigung haben, wird häufig verkannt. Klassisches Beispiel dafür ist Majoran. Die Blüten sind über sehr lange Zeit in ihren dichten Dolden eine Zier und auch für viele Insekten eine wichtige Nahrungsquelle. Das zarte Rosa der kleinen Blüten fügt sich in alle Beete gut ein. Auch im Rosenbeet ist Majoran ein gern gesehener Begleiter.

Die silbrig-graue Farbe des Laubes vieler Kräuter ist für das Rosenbeet eine willkommene Abwechslung ist, unabhängig von bestimmten Blütezeiten.

Einigen Kräutern wird nachgesagt, dass der Duft des Laubes oder der Blüten Schädlinge von den Rosen vertreiben. So sorgt angeblich Lavendel dafür, dass sich Läuse von den Rosenknospen fern halten. Diese Theorien sind in geringem Maße sicher korrekt, aber ein Allheilmittel sind sie nicht.

Gehölze als dezenter Hintergrund

Große Bäume und Sträucher sind ein perfekter Hintergrund für ein Rosenbeet. Der starke Wuchs und das beruhigende Grün der Blätter bilden in ausreichender Entfernung eine grüne Wand, die die Rosen besonders gut zur Geltung kommen lässt. Der Abstand großer Bäume sollte wegen Schatten und Wurzeldruck reichlich sein, denn beides verträgt die Rose schlecht.

Unten: Der Maiblumenstrauch (Deutzia gracilis) besticht durch seine zarten Blüten und schöne Belaubung.

Passende Gehölze für das Rosenbeet

Lat. Name	Dt. Name	Höhe	Wuchs/Blüte	Besonderes
Acer palmatum 'Dissectum'	Schlitzahorn	bis 1,5 m	graziles Laub, schirmförmiger Wuchs	schöne Herbstfärbung
Buxus sempervirens	Buchsbaum	bis 3 m	kompakt, gut schnittverträglich	immergrün
Ceanothus x delilianus	Säckelblume	1,5 m	violette Blüten in Rispen	etwas frostempfindlich
Corylopsis pauciflora	Scheinhasel	bis 1,5 m	breiter Strauch mit gelben Blüten im März	etwas frostempfindlich
Deutzia gracilis	Maiblumenstrauch	bis 1 m	gut verzweigt, weiße Blüten im Mai	auch nach der Blüte noch attraktiv
Deutzia x kalmiiflora	Deutzie	bis 1 m	locker überhängend, Blüten rosa im Mai	
Fothergilla major	Federbusch	0,8 m	weiße, duftende Blüten im April	
Potentilla fruticosa	Fingerstrauch	bis 1 m	gefingertes Laub, Blüte in vielen Farben	sehr robust

Sträucher mit einer Höhe bis zu 1 m werden gerne zusammen mit Rosen gepflanzt. Vor allem in öffentlichen Grünanlagen oder Beeten, die äußerst pflegeleicht sein sollen, kommt diese Kombination häufig zum Einsatz. Gehölze brauchen weniger Wasser als Stauden, weil sie wesentlich tiefer wurzeln und dadurch ihre Wurzelspitzen in die ausreichend feuchten Bereiche der Erde gelangen.

Auch das Düngen und Pflegen der Beete kann weitgehend vernachlässigt werden. Bei solchen Anlagen werden meist robuste Kleinstrauchrosen oder Beetrosen verwendet. Große Flächen werden gruppenweise bepflanzt, damit ein harmonisches Gesamtbild entsteht. Zu viele einzelne Pflanzen verbreiten nur unnötig Unruhe.

Ein weiterer wichtiger Fall für die Zusammenstellung von Rosen und Gehölzen ist die Hangbepflanzung. Hierbei kommt es darauf an, dass der Hang ausreichend befestigt wird, um bei starken Regenfällen eine Bodenerosion zu vermeiden. Tiefwurzelnde Rosen und Gehölze stabilisieren nicht nur den Boden, sondern sie verhindern gleichzeitig mit ihren Ästen und dem Laub das harte Auftreffen des Regens auf den Boden. Selbst im Winter ist das Geäst ein gewisser Schutz vor der Abschwemmung des Bodens.

Im Rosenbeet, das mit einzelnen ausgesuchten Rosen und Begleitpflanzen bestückt ist, sind nur wenige Gehölze passend. Sie dürfen nicht zu groß werden, damit die Sonnenstrahlen ungehindert zu den Rosen hindurchscheinen. Der Wurzeldruck auf die Rosen darf ebenfalls nicht zu groß werden. Außerdem sollte der Zierwert der Gehölze weit höher liegen als bei einer Parkplatzbepflanzung.

Einjährige Sommerblumen als bunte Bereicherung

Sommerblumen sind nicht nur hübsche Gesellen, die sehr lange blühen, sie bieten auch jedes Jahr ein anderes Bild im Rosenbeet. Jedes Jahr werden die Karten neu gemischt und so ergibt sich immer wieder eine veränderte Farb- und Blütenkombination. Da Sommerblumen erfreulicherweise den ganzen Sommer über blühen, entstehen im Beet keine Blühpausen. Nur ein paar kleine Flächen mit Einjährigen bepflanzt, bringen Pfiff und Farbe in das Rosenbeet.

Viele Sommerblumen fallen durch kräftige Farben und sehr große oder ausgefallene Blüten auf. Zinien beeindrucken z. B. durch ihre strahlenförmigen Blüten in leuchtendem Orange oder Pink, Löwenmäulchen dagegen machen mit lustig geformten Blüten, die sich bei leichtem Druck sogar öffnen, auf sich aufmerksam.

Wer im Juli nach der ersten großen Rosenblüte also bunte Farben im Beet leuchten sehen möchte, greift zu einjährigen Sommerblumen.

Zu dieser Gruppe gehören auch einige einjährige Gräser, die

gegenüber den mehrjährigen Gräsern einen entscheidenden Vorteil haben: Sie blühen bereits im Juni/Juli und damit wesentlich früher als ihre ausdauernden Kollegen, die erst im August zu ihrer Hochform auflaufen. Die schönsten einjährigen Gräser zu Rosen sind Hasenschwanzgras (Lagurus ovatus), Mähnengerste (Hordeum jubatum) und Zittergras (Briza maxima).

Oben: Aus einem Garten nicht wegzudenken: Margeriten gehören zu den bekanntesten und beliebtesten Sommerblumen.

Einjährige Sommerblumen für das Rosenbeet

Lat. Name	Dt. Name	Höhe	Wuchs/Blüte	Besonderes
Anchusa capensis	Sommervergissmeinnicht	25 cm	kompakt; blaue kleine Einzelblüten	leuchtende Farbe
Ageratum	Leberbalsam	15 cm	klein; violett oder blau	Dauerblüher
Alyssum	Steinkraut	10 cm	locker; weiß, violett	sät sich selbst aus
Callstephus chinensis	Sommeraster	40 cm	locker; blau, rosa, weiß	
Chrysanthemum paludosum	Margerite	20 cm	buschig; weiß	Dauerblüher
Lobelia erinus	Männertreu	20 cm	buschig; weiß, rosa, blau	guter Lückenfüller im Beet
Nemesia	Elfenspiegel	30 cm	locker; blau, weiß	sehr zart
Nigella	Jungfer im Grünen	40 cm	aufrecht; weiß, violett, blau	schönes Laub und Samenkapseln
Salvia farinaceae	Einjähriger Salbei	50 cm	aufrecht; blau, violett, weiß	
Sanvitalia	Husarenkopf	10 cm	flach; gelb	dauerblühender Bodendecker

4 VERMEHREN UND ZÜCHTEN

Viele ambitionierte Hobbygärtner möchten mittlerweile nicht mehr nur auf das Pflanzenangebot der Gärtnereien angewiesen sein oder nur darauf zurückgreifen können. Selbst Ableger aufziehen oder aus Samen Pflanzen anziehen steht hoch im Kurs. Bei Rosen ist das nicht ganz so einfach, aber durchaus möglich.

Die Botanik der Rose

Die Rose entstammt der großen Familie der Rosaceae, die Rosengewächsen. In dieser Familie befinden sich ca. 3000 verschiedene Arten, wovon nicht alle Rosen sind. Bekannte Verwandte der Gartenrosen sind z. B. viele Obstgehölze, wie Apfel, Birne, Pflaume, Quitte und Kirsche. Auch einige Beerenobstarten, wie Himbeere, Erdbeere und Brombeere gehören zu dieser Familie. Bekannte Vertreter bei den Ziergehölzen sind Weißdorn, Spierstrauch, Feuerdorn und Eberesche.

Interessant an der Rose ist, dass die berühmten Dornen botanisch gesehen, gar keine Dornen sind, sondern Stacheln. Den Unterschied kann man auch als botanischer Laie ganz einfach erkennen: Stacheln lassen sich relativ einfach vom Stängel abbrechen. Sie haben sich aus der äußeren Rinde entwickelt. Dornen dagegen sind nur sehr schwer abzubrechen, da sie umgebildete Sprosse sind, die fest mit dem Stiel verbunden sind.

Ein weiterer, häufig verbreiteter, botanischer Fehler, ist die Bezeichnung der Hagebutte als Frucht. Korrekt ausgedrückt sind die Samen, die in der Hagebutte eingelagert sind – die so genannten Nüsschen –, die eigentlichen Früchte. Die Hagebutte selbst ist nur eine Scheinfrucht.

In einer Rosenblüte sind alle wichtigen Blütenbestandteile der höheren Pflanzen vorhanden:

- Die Blütenblätter, die durch ihr buntes Farbspiel und ihre unterschiedliche Anzahl (einfache, halb gefüllte und gefüllte Blüten) die Faszination der jeweiligen Rose ausmachen.
- Die grünen Kelchblätter, die die Knospe vor dem Öffnen umgeben und sich anschließend zum Stiel hin nach unten wölben.
- Die Staubblätter, das männliche Blütenorgan, die meist in gelber Farbe leuchten, um Insekten zur Bestäubung zu animieren.
- Das Fruchtblatt, das in Griffel, Narbe und Fruchtknoten aufgeteilt wird. Dies sind die weiblichen Blütenorgane, aus denen die Hagebutten mit den Samen entstehen.

Es existiert eine Regel, wie viele Blütenblätter eine Rose haben muss, um als einfach, halb gefüllt oder gefüllt zu gelten.

5–10 Blütenblätter = einfache Blüte
10–20 Blütenblätter = halb gefüllt
20–40 Blütenblätter = gut gefüllt
> 40 Blütenblätter = stark gefüllt

1 = Stachel
2 = Trieb
3 = Kelchblatt
4 = Blütenblatt
5 = Staubgefäße mit Pollen
6 = Nüsschen (Samen)
7 = Kelch

Links: 'Alexander', eine elegante Tee-Hybrid-Rose.

Unten: Keine Dornen, sondern Stacheln – aber nicht minder spitz und scharf.

Selbstreinigung der Rosen

Bei sehr stark gefüllten Blüten sind die zur Fortpflanzung nötigen Staubgefäße zu Blütenblättern umgewandelt. Diese Rosen sind steril, eine Befruchtung kann nicht erfolgen. Solche Blüten fallen nach dem Verblühen ab. In Rosenkatalogen und auf manchen Etiketten wird dieses Phänomen als »Selbstreinigung« bezeichnet. Der Gärtner muss die verblühten Blüten nicht mehr abschneiden; die Rose erledigt das von selbst. Allerdings sind solche Rosen nicht in der Lage Hagebutten auszubilden.

Bei der Blütenform ist eine klare Einteilung möglich:

1. Hochgebaute Blüten: Die klassische Edelrosenblüte. Die Knospen sind ganz schmal und lang. Die Mitte bleibt auch in geöffnetem Zustand sehr hoch und spitz.
2. Becherförmige Blüten: Vor allem bei halb gefüllten Blüten kommt diese attraktive Form vor. Mit ihrem dezenten Aufbau wirken die Blüten sehr zart und filigran. Die inneren Blütenblätter biegen sich im Aufblühen leicht zurück und zeigen ihre wunderschönen Staubgefäße.
3. Flache Blüten: Die Wildrosen mit ihren einfachen Blüten sind hier in erster Linie zu nennen. Bei voller Blüte ist die Blüte ganz flach.
4. Rosettenförmige Blüten: Diese Blütenform ist nur bei sehr dicht gefüllten Rosen zu finden. Die Blütenblätter sind um so größer, je weiter außerhalb vom Blüteninneren sie liegen. Im Aufblühen werden die Blüten relativ flach und sehen sehr ordentlich aus.
5. Geviertelte Blüten: Von Ordnung kann bei diesem Blütentyp keine Rede sein. In der Mitte ist die Vierteilung der Blütenblätter noch gut sichtbar. Zum Rand hin wird es in dieser Blüte allerdings sehr unordentlich, was bei der großen Anzahl an Blütenblättern nicht weiter verwundert.
6. Kugelige Blüten: Sie öffnen sich nur leicht und bleiben bis zum Abwerfen der Blüten in einer runden Form.

Blütenstand

Der klassische Blütenstand einer Edelrose ist einzeln. Für Schnittrosen ist das ideal, denn man muss sich beim Schnittzeitpunkt nur nach dem Blütestadium einer Rose richten. Am Strauch im Garten sind einzeln stehende Blüten zwar wunderschön, aber leider von kurzer Blühdauer. Nach dem Verblühen dauert es mindestens 6 Wochen bis sich die nächste Knospe öffnet.

Viele Rosen blühen in Dolden. Das bedeutet, mehrere Blüten bilden einen mehr oder weniger großen Büschel auf einem Blütenstiel. Nacheinander öffnen sich die einzelnen Blüten, so dass über einen langen Zeitraum hinweg immer ein blühender Strauch den Garten ziert. Für die Vase ist diese Blütenform allerdings weniger geeignet, weil der richtige Zeitpunkt für den Schnitt nicht einfach zu herauszufinden ist und – wie gesagt – die Blüten von Knospen bis zur völlig aufgeblühten Form zugleich vorkommen.

Moderne Gartenrosen haben fast alle Rispen- oder Doldenblütenstände. Sie sind in der Beetgestaltung besser zu verwenden als straff aufrechte Edelrosen.

Außerdem ist die Fernwirkung von großen Blütenbüscheln viel auffallender als eine einzelne Blüte

1 = Hochgebaute Blüte
2 = Becherförmige Blüte
3 = Flache Blüte
4 = Rosettenförmige Blüte
5 = Geviertelte Blüte
6 = Kugelige Blüte

Oben: Ein wunderbarer Schmuck im herbstlich-winterlichen Garten: die Hagebutten der Hundsrose (Rosa canina).

Früchte

Die bekannten Hagebutten sind die Früchte der Rosen. Sie werden aus den Kelchblättern der Blüten gebildet. Botanisch gesehen sind es allerdings Scheinfrüchte, da die eigentlichen Früchtchen in den Hagebutten sitzen, die wiederum die Samen beinhalten.

Hagebutten kommen in den Farben orange, rot, schwarz und grün vor. Sie haben sehr unterschiedliche Formen (rund, flaschenförmig, oval, flachkugelig) und Größen (von 0,5 bis 4 cm). Alle Wildrosen, aber auch viele alte und moderne Rosen bilden Hagebutten aus. Lässt man die abgeblühten Dolden des zweiten Blüteflors stehen, entwickeln sich bis zum Herbst hin die farbenprächtigen Gebilde, welche im Winter für viele Vögel eine ausgezeichnete Futterquelle darstellen.

Das Rosenlaub

Das Laub der Rosen ist immer gefiedert. Jedes einzelne Blatt besitzt eine ungerade Zahl an Fiederblättern, weshalb man von unpaarig gefiedert spricht. Die klassische Rosenzahl ist fünf. Auch beim Laub ist diese Zahl oft vertreten, da die meisten veredelten Rosen an einem Blatt fünf kleine Einzelblättchen haben. Sogar sieben- oder sogar neunzählige Blätter sind gängig. Je mehr kleine Blättchen sich an einem Fiederblatt befinden, umso mehr Einfluss hatten Wildrosen an der Züchtung.

Was das Blattwerk aussagt!

Das Laub ist ein relativ guter Indikator die Herkunft einer Rose zu bestimmen.
Großes, sattgrünes Laub deutet auf feuchte Gegenden mit nahrhaften Böden hin. Rosen mit kleinem, behaarten Laub, kommen eher aus trockenen, warmen Regionen oder Gebirgszügen mit mageren Böden. Folglich lassen sich gewisse Ansprüche der Rosen an den Standort gut vom Aussehen des Laubes ableiten.

Unten: Hagebutten zeigen sich an verschiedenen Rosensorten in unterschiedlichen Formen: von links nach rechts: flachrund, kugelig, eiförmig, spindelförmig, flaschenförmig.

Die Rosenzüchtung

Genau genommen ist die Rosenzüchtung etwas für echte Profis auf diesem Gebiet. Ein sehr spezifisches und umfangreiches Fachwissen, sehr geschickte Hände und vor allem viel Geduld sind nur die wesentlichen Kriterien, die der Rosenzüchter mitbringen sollte.

Berühmte deutsche Rosenbaumschulen sind seit Generationen auf die Entwicklung neuer Rosensorten und eine Verbesserung des gesamten Sortiments spezialisiert. Ein weltweit sehr guter Ruf und viele Auszeichnungen und Preisen sind der Lohn dafür. In Bezug auf die Qualität ihrer Rosen stellen die Rosenbaumschulen an sich selbst sehr hohe Anforderungen, richten sich gleichzeitig aber auch nach Trends, die sie sehr frühzeitig erkennen müssen. Denn eine Rose, die neu auf den Markt kommt, hat schon einige harte Jahre hinter sich, in der sie viele Tests durchlaufen musste, und sollte auch beim Verkaufsstart noch modern sein.

Eine weitere wichtige Eigenschaft eines Rosenzüchters ist die Flexibilität, denn im Laufe der Zeit haben sich die Züchtungsziele entscheidend verändert.

Früher waren vor allem die Farbe zeigenden Knospen und aufgehenden Blüten wichtig, die auf Rosenausstellungen als Schnittrosen demonstriert wurden. Selbstverständlich spielte auch der berühmte Rosenduft eine große Rolle. Mit der Zeit spaltete sich die Züchtung in zwei große Bereiche: Auf der einen Seite die Schnittrosen, die bis heute eine große Rolle in der Produktion für Floristen spielen, und auf der anderen Seite die Gartenrosen, die für uns Rosenliebhaber die wichtigere Gruppe darstellt.

Die heutigen Züchter von Gartenrosen stellen immer noch hohe Ansprüche an die Blüte und

Unten: Die 'Freisinger Morgenröte' gehört zu den berühmtesten Exemplaren des Rosenzüchters Kordes.

Züchtung und Anzucht

Diese beiden Begriffe sind streng zu unterscheiden.
Unter der Züchtung von Rosen versteht man die Entwicklung neuer Sorten, die sich in mindestens einem Merkmal von den bisherigen Sorten unterscheiden. Dieser Vorgang ist sehr langwierig und aufwändig. In einem komplizierten Arbeitsvorgang werden die Pollen der ausgesuchten Vatersorte auf die Narbe der Muttersorte aufgebracht. Es entwickeln sich Hagebutten, die den Samen der neuen Sorte enthalten. Diese werden ausgesät und auf ihre Qualität hin geprüft. Entsprechen die Eigenschaften in etwa den Anforderungen des Züchters, werden ein paar Augen abgenommen und auf Unterlagen veredelt. Im zweiten Jahr erst sieht der Züchter das Ergebnis einer neuen veredelten Rose. Nur etwa 1 Prozent der ursprünglich ausgesäten Rosensamen schaffen es ins dritte Jahr und werden weiter veredelt. Meist entstehen aus einer Unzahl an Keimlingen nur 1 oder 2 brauchbare Sorten, häufig aber auch keine einzige.

Bei der Anzucht von Rosen handelt es sich nur um die Vermehrung bereits existierender Rosensorten. Das Aussehen und alle anderen Eigenschaften der Ausgangssorte bleiben erhalten. Die häufigste Vermehrungsart unserer Rosen ist das Veredeln.

deren Duft. Noch höher ist der Anspruch allerdings an die Gesundheit, den Wuchs, die Frosthärte, die Haltbarkeit der Blüte und an das Laub. Der Rosengärtner von heute möchte die Rose als Zierde seines Gartens wissen, ohne großen Aufwand zu betreiben. Das lästige Spritzen der Rosen mit teuren Pilzbekämpfungsmitteln (Fungiziden) und Insektenvernichtern (Insektiziden) ist jedem Rosenfreund ein Dorn im Auge. Die eigene Gesundheit wird stark belastet und die Auswahl an zugelassenen Präparaten ist rückläufig. Allein aus diese Gründen ist es ratsam, bei Neuanpflanzungen auf gute Züchtungen zurückzugreifen, die in vielen Tests ihre Robustheit beweisen mussten.

Die verschiedenen Vermehrungsarten für Rosen

Aussaat

Die Aussaat ist die einzige geschlechtliche Form der Vermehrung. Weil das Erscheinungsbild der Nachkommen nicht ganz einheitlich ist, wird sie selten angewandt. Wildrosen in freier Natur säen sich nach der Bestäubung durch Insekten und der Hagebuttenbildung selbst aus und sorgen so für eine natürliche Vermehrung.

Wichtig ist die Aussaat für Neuzüchtungen, da wie oben beschrieben, durch künstliche Befruchtungen und anschließendes Aussäen neue Rosensorten entstehen, die durch Veredeln weiter vermehrt werden und ihre Eigenschaften kontinuierlich behalten.

Ein zweiter, sehr wichtiger Bereich für die Aussaat ist das Herstellen der so genannten Unterlagen für die veredelten Rosen. Zu diesem Zweck werden von einigen Wildrosensorten (*Rosa laxa*, *Rosa canina* und *Rosa multiflora*) im September Samen abgenommen und in Sand eingelegt. So wird das Saatgut ein ganzes Jahr lang feucht und bei sehr geringen Temperaturen eingelagert. Erst nach dieser »Stratifikation«, die das Keimverhalten der Rosensamen fördert, bzw. das Keimen überhaupt erst ermöglicht, werden die Samen im zeitigen Frühjahr ausgesät. Nach ca. eineinhalb Jahren sind die ersten zarten Pflänzchen im Beet oder auf dem Feld sichtbar. Verzichtet man auf die Stratifikation und sät die Samen sofort nach der Ernte aus, dauert es bis zur Keimung ebenfalls bis zu eineinhalb Jahre, allerdings liegt der Erfolg bei nur ca. 10 Prozent.

Okulation

Diese Vermehrungsform wird bei fast allen Rosen verwendet, da sie die besten Erfolge erzielt. In Rosenbaumschulen werden für den Vorgang des Okulierens (Veredelns) professionelle Veredler ausgebildet oder für den Sommer eingestellt. Diese Spezialisten veredeln pro Stunde bis zu 300 Rosen.

Um zum eigentlichen Veredlungsvorgang zu kommen, muss zuerst das nötige Pflanzenmaterial vorhanden sein. Die Unterlagen (Sämlinge von bestimmten Wildrosen) werden meist von darauf spezialisierten Betrieben wie oben beschrieben herangezogen und anschließend an die Rosenbaumschulen verkauft. Dort findet im späten Herbst oder zeitigen Frühjahr die Pflanzung der Unterlagen auf die Felder statt. Bis zum Start der Okulationszeit im Juni ist so genügend Zeit um in Ruhe einzuwurzeln und die ersten Triebe zu bilden.

Neben den Unterlagen werden ausreichend Pflanzen der zu veredelnden Sorte benötigt. Von ihnen schneidet man die Edelreiser, die auf die Unterlagen veredelt werden. Diese Pflanzen sind erst reif für den Okulationsvorgang, wenn sie bereits ihre ers-

Das Veredeln der Rosen

1. In die Unterlage schneidet man einen T-Schnitt ein, in den später das Auge der gewünschten Rosensorte eingesetzt wird.

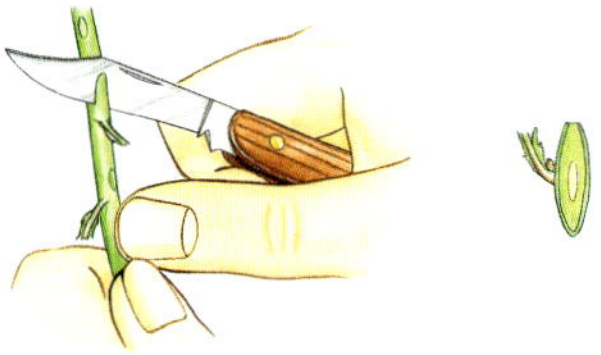

2. Vom Edelreis wird vorsichtig ein Auge herausgeschnitten. Der Schnitt verläuft ganz gerade.

3. Die beiden Flügel des T-Schnitts werden leicht aufgeklappt.

4. Das vorbereitete Auge wird in den T-Schnitt eingeschoben. Die beiden Flügel werden vorsichtig angedrückt.

5. Mit dem Schnellverschluss bindet man die Veredlungsstelle ab.

ten Blüten öffnen. Oft wird eine Beschleunigung der Blüte durch den Anbau der entsprechenden Sorten im Gewächshaus erreicht. Die Veredlungsperiode beginnt dadurch früher und die Zeitspanne, die für das Okulieren vorgesehen ist, verlängert sich.

Sind beide Pflanzenteile in vollem Wachstum, ist der richtige Zeitpunkt für die Okulation: Die Reiser werden von den blühenden Rosen abgeschnitten, die Blüten, die Stacheln und das Laub entfernt, und in feuchte Tücher gehüllt. An jedem Reis befinden sich 4 bis 8 Augen, die auf keinen Fall austrocknen dürfen. An der Unterlage wird inzwischen die zukünftige Veredlungsstelle am Wurzelhals frei gegraben und mit einem Tuch sauber geputzt. Mit einem sehr scharfen Okuliermesser wird die Rinde der Unterlage mit einem T-Schnitt angeschnitten und vorsichtig geöffnet. An dieser Stelle wird später das Auge eingesetzt. Anschließend schneidet man vom Reis ein Auge aus.

Unten: Hier wird unterhalb des Auges eingeschnitten, um dann eine Okulation vorzunehmen.

Ca. 1 cm unterhalb des Auges setzt man an und schneidet eine dünne Holzschicht mit dem Auge vom Reis ab. Das Holz wird entfernt und das Auge in die vorbereitete Stelle an der Unterlage eingeschoben. Die abgelöste Rinde der Unterlage wird vorsichtig mit dem Auge angedrückt. Steht die Rinde des Auges zu weit über den T-Schnitt, schneidet man sie ab. Mit einem so genannten Schnellverschluss wird die Veredlungsstelle abgebunden. Nach 3 bis 4 Wochen wird das Veredlungsgeheimnis gelüftet. Bei der Abnahme des Schnellverschlusses ist bereits sichtbar, ob das Auge angegangen ist oder nicht. Im Herbst empfiehlt es sich, die Rose mit Erde anzuhäufeln, damit die Veredlungsstelle vor allzu hartem Frost geschützt ist. Die Rose bleibt bis zum folgenden Frühjahr so stehen, erst dann wird nach dem Abhäufeln die Unterlage über dem angewachsenen Auge abgeschnitten. Nun kann sich die veredelte Rosensorte auf der Wildlingsunterlage ausbreiten und ihren Trieben freien Lauf lassen. Regelmäßig werden die Triebe auf 2 Blätter zurückgesetzt, damit sich die Pflanze gut verzweigt. Bei dieser Gelegenheit müssen die immer wieder austreibenden Wildtriebe (siehe dazu auch Seite 6) dringend entfernt werden. Im Herbst werden die fertigen Rosen auf dem Feld gerodet (mit dem Wurzelstock ausgegraben) und entweder gleich versandt oder über den Winter, bis zum Verkauf im Frühjahr, im Kühlhaus gelagert.

Wer das Veredeln im eigenen Garten ausprobieren möchte, sollte sich an eine Rosenbaumschule wenden, die selbst veredelt. Hier kann sich der Hobbyveredler die Rosenunterlagen und andere benötigten Materialien, wie den Schnellverschluss,

Links: *Rosa canina*, die Hundsrose, ist eine der Wildrosen, die zum Okulieren bevorzugt werden.

besorgen und nebenbei noch gute Tipps einholen, damit der Okulierversuch eine Chance auf Erfolg hat.

Stammrosenokulation

Die Wildrose Rosa canina bildet sehr gerade Triebe aus, welche sich hervorragend für die Veredlung von Stämmchen eignen. Die Wildlinge dürfen 2 Jahre lang wachsen, bevor sie im Herbst des 2. Jahres gerodet werden. Direkt bei der Rodung werden alle Triebe bis auf den kräftigsten mit geradem Wuchs entfernt. Dieser bildet später den Stamm, auf dem in der gewünschten Höhe die Veredlung vorgenommen wird. Im Frühjahr beginnt der gleiche Zyklus wie beim Veredeln der Buschrosen: Aufpflanzen, im Sommer okulieren (allerdings 2 Augen, die sich gegenüber stehen, damit eine bessere Kronenbildung entsteht), im nächsten Frühjahr schneiden und im Herbst roden für den Verkauf.

Steckholzvermehrung

Diese Vermehrungsart wird bei uns nur selten angewandt, da das Ergebnis weniger ergiebig ist wie das Okulieren. Außerdem ist unser Klima nur bedingt geeignet, um diese Methode im großen Stil zu betreiben. Die Qualität der angebotenen Rosen ist meist schlechter als bei veredelten Exemplaren. Viele Rosen sind genetisch nicht in der Lage die erforderlichen Wurzeln selbst auszubilden, die sie zur Bildung eines buschigen Rosenstocks benötigen. Viele Rosenzüchtungen sind einfach auf die Okulation abgestimmt und kommen mit dieser Vermehrung am besten klar. Trotzdem gibt es immer mehr Rosen, die auf eigener Wurzel angeboten werden. Sie sind nur im Container zu kaufen, da bei die-

1. Bei der Steckholzvermehrung wird ein 15 cm langer Rosentrieb ohne Laub und Stacheln bis auf 2 Augen in die Erde gesteckt – **2.** Ein frischer Steckling hat 3 Augen. Die Blüte wird entfernt, damit die Kraft des Triebes nicht in die Hagebuttenbildung gesteckt wird. – **3.** Der belaubte Steckling wird 3 bis 4 cm tief in die Erde gesteckt. Das unterste Blatt wird vorher entfernt, damit es zu keiner Fäulnis in der Erde kommt.

sem Verfahren keine wurzelnackte Ware produziert wird.

Ein Steckholz ist ein 15 bis 20 cm langer, einjähriger Rosentrieb, der im Herbst von einer bestehenden Rose abgeschnitten wird. Das ca. 0,5 cm dicke Holz wird entblättert und sofort bis auf 1 oder 2 Augen ins Beet in die lockere Erde, oder in einen Topf mit ebenfalls lockerer Pflanzerde, gesteckt. Im Frühjahr beginnen die Wurzeln mit der Ausbreitung und die ersten kleinen Triebe werden sichtbar. Bis zum Herbst bilden sich, bei regelmäßigem Pinzieren (Einkürzen der Triebe, um ein buschiges Wachstum zu erzeugen), schöne kleine Rosenstöcke.

Stecklingsvermehrung

Stecklinge sind bei allen Pflanzen eine beliebte Vermehrungsart für den Hobbygärtner. Auch bei einigen Rosen ist diese Methode durchaus durchführbar.

Im Hochsommer (Juni bis Juli) werden von einem bestehenden Rosenbusch Stecklinge mit ca. 3 Augen geschnitten. Länger als 8 bis 10 cm sollte das Rosenstück nicht sein. Die Stecklinge sollten frisch und weich sein und nur 2 bis 3 Augen unter der Blüte abgeschnitten werden. Die Blüte wird entfernt, weil sie das vegetative Wachstum negativ beeinflussen würde. Im Gegensatz zum Steckholz bleibt hier die Belaubung erhalten. In mit Erde und Sand (1:1) gefüllte Töpfe steckt man die Stecklinge ca. 3 bis 4 cm tief in die Erde, gießt an und stülpt eine durchsichtige Plastiktüte darüber. Es entsteht eine sehr hohe Luftfeuchte in diesem Minigewächshaus, die das Bewurzeln und den Neuaustrieb fördert. Gießen ist nur sehr sparsam nötig, da die Pflanze durch die Abdeckung nur wenig Feuchtigkeit verdunstet.

Ein zu feuchtes Substrat ist krankheitsfördernd und dadurch schädlicher für die Rose als ein trockenes. Ist ein Wachstum sichtbar, wird die Tüte entfernt, der Steckling langsam abgehärtet und nach ca. 10 Wochen in ein größeres Gefäß mit Pflanzerde umgetopft.

Im ersten Winter vertragen die jungen Rosen noch keinen Frost. Sie müssen also im Gewächshaus oder kühlen Zimmer über-

Unten: Eine der Rosen, die auf der eigenen Wurzel gezogen werden können, ist die Beetrose 'Bonica 82'. Diese sehr robuste Rose ist sogar für ganze Beetanlagen geeignet.

Rosen, die auf eigener Wurzel gezogen werden können				
Sorte	**Gruppe**	**Höhe**	**Blüte**	**Besonderes**
'Alba Meidiland'	Kleinstrauchrose	60 cm	weiß	sehr frosthart
'Bonica 82'	Beetrosen	60 cm	rosa	für extreme Lagen
'Bony Meilove'	Zwergrosen	40 cm	kräftig rosa	für Kübel
'Clyde Meilove'	Zwergrosen	40 cm	reinweiß	für Kübel
'Dagmar Hastrup'	Kleinstrauchrose	60 cm	hellrosa	schöne Hagebutten
'Fairy Dance'	Kleinstrauchrose	50 cm	rot	für Halbschatten
'Ice Meidiland'	Kleinstrauchrose	50 cm	weiß	starkwüchsig
'Pink Meidiland'	Kleinstrauchrose	100 cm	lachsrosa	wildrosenähnlich
'Polareis'	Kleinstrauchrose	80 cm	hellrosa	sehr robust
'Red Rugostar'	Kleinstrauchrose	80 cm	kirschrot	schöne Hagebutten
'Rosa Zwerg'	Kleinstrauchrose	60 cm	rein rosa	guter Duft
'Rote Max Graf'	Kleinstrauchrose	60 cm	dunkelrot	starkwüchsig
'Rotes Meer'	Kleinstrauchrose	80 cm	karminrot	guter Duft, anspruchslos
'Swany'	Kleinstrauch	50 cm	weiß	flachwüchsig

wintern. Im Frühjahr werden die Stecklinge langsam an die Witterungsverhältnisse im Freien gewöhnt um im Frühsommer an den endgültigen Standort gepflanzt zu werden.

Minirosen im Topf, die im Floristikgeschäft gerne verkauft werden, sind allesamt auf diese Weise vermehrt, ebenso wie die meisten Zwergrosen. Die Eigenschaft des niedrigen Wuchses kann hierbei nicht durch eine stark wüchsige Unterlage beeinflusst werden.

Absenker und Ausläufer

Diese beiden Methoden der Vermehrung sind für sehr wüchsige Rosen mit weichen Trieben geeignet. Einige bodendeckende Rosen bilden Wurzeln an flach auf dem Boden liegenden Trieben (Ausläufer) und vermehren sich somit selbst. Entsteht auf diese Weise ein neuer Rosenstock, so kann er einfach abgestochen und an einer anderen Stelle neu aufgepflanzt werden. Das Abtrennen von Ausläufern empfiehlt sich aber nur für Rosen, die auch gut auf der eigenen Wurzel stehen können.

Das Gleiche gilt auch für Absenker, bei denen ein langer, biegsamer Trieb in die Erde eingegraben und so zur Bewurzelung animiert wird. Treibt die Rosenspitze aus, kann mit dem Spaten die Verbindung zur »alten« Rose getrennt und die neue Rose verpflanzt werden.

Rosen auf der eigenen Wurzel

Der Vorteil dieser Rosen ist die Wurzelechtheit. Es existiert keine Veredlungsstelle, da die Wurzeln ihre eigenen Triebe bilden. Wilde Triebe aus der Wurzel sind hier kein Thema mehr, und damit ist auch das lästige Entfernen der Wildlinge Vergangenheit.

Einige Rosenbaumschulen sind gerade dabei, nach vielen Tests und Bewertungen die besten Sorten auf eigener Wurzel in den Verkauf zu bringen. Vor allem bei den Kleinstrauch- und Zwergrosen ist das Sortiment bereits beachtlich.

Gerade in öffentlichen Rosenpflanzungen sind wurzelechte Rosen sehr beliebt, da der Pflegeaufwand gering ist. Das Entfernen der Wildtriebe entfällt, der Rückschnitt kann mit der Heckenschere durchgeführt werden und die Blattgesundheit ist außergewöhnlich gut. Pflanzenschutzmaßnahmen in größerem und aufwändigerem Umfang gehören damit der Vergangenheit an. Diese Sparmaßnahmen bzgl. der Arbeitszeit ihrer Gärtner kommen wiederum den leeren Gemeindekassen zu Gute.

Wer Rosen in Töpfen kultivieren möchte, ist mit wurzelechten Rosen ebenfalls gut beraten, da die Wurzeln viel weniger Raum in Anspruch nehmen wie die Veredelten mit ihren langen Wildrosenwurzeln (siehe dazu auch ab Seite 83).

5 ROSEN UND IHRE GESCHICHTE

Die Geschichte der Rosen ist seit jeher mit der des Menschen verknüpft. Fand man bei den Steinzeitmenschen bereits Hagebutten als Nahrungsmittel, so wurde in der frühen Antike schon Rosenanbau betrieben und damit einhergehend die Herstellung von Rosenwässern und -ölen. Dichter aller Länder und Epochen besangen die königliche Blume als geheimnisumwitterten Liebesboten, ebenso vereinnahmte die Apotheker und Ärzte die Rose als Heilpflanze. Wie auch immer – die Rose hat eine Ausnahmestellung auf der symbolischen wie rein ästhetischen Ebene für den Menschen. Im Folgenden soll die Geschichte dieser Pflanze ein wenig durchleuchtet und die wichtigsten Vertreter der jeweiligen Gattung vorgestellt werden.

Wildrosen

Oben links: Die Zimtrose *(Rosa majalis)*, auch Mairose genannt, erhielt ihren Namen durch ihre dunkelrotbraunen, nahezu zimtfarbenen Triebe.
Oben rechts: *Rosa gallica versicolor* ist ein wunderschön gestreifter Sport (ein Mutationssprung) der Apothekerrose. Sie wird auch 'Rosa mundi' genannt.

Linke Seite: Die Vorfahren der Apothekerrose (*Rosa gallica officinalis* – links) gelten als eine der ältesten Rosengruppen überhaupt.

Genaue geschichtliche Zahlen über Wildrosen sind nur schwierig nachzuweisen. Erwiesen ist allerdings, dass sie die Vorfahren aller Rosen sind. Erstmals wurde eine Rose in China angebaut und das schon vor über 5000 Jahren. Vielleicht waren es ihre Stacheln, die sie über so lange Zeit überleben ließen, oder die geschickte Aufbewahrung ihrer Samen in den Hagebutten. Oder ihre Blüte mit dem einzigartigen Rosenduft, die die Menschen damals schon beeindruckt und sie zum Pflegen verleitet hat. Unter Umständen wurden sie auch als Nahrungsmittel verwendet, denn die jungen Triebe der Wildrosen waren sehr schmackhaft und aus Hagebutten können wunderbare Köstlichkeiten gewonnen werden.

Einige Fossilien mit winzigen Rosenteilchen deuten sogar auf ein erstes Erscheinen vor über 20 Millionen Jahren hin. Diese Aussagen der Archäologen sind jedoch sehr vage und für den Rosenfreund nicht von realer Bedeutung.

130 bis 150 Arten von Wildrosen wurden inzwischen von Botanikern aufgenommen, genauer bestimmt und nach ihren Herkunftsländern eingeteilt. In unseren heutigen Gärten sind jedoch nur wenige auffindbar, da sie von alten und modernen Rosen in jeder Hinsicht übertroffen werden. Interessant ist, dass Rosen im natürlichen Vorkommen nur auf dem nördlichen Halbkreis der Erdkugel beheimatet sind. Wahrscheinlich ist das auf die kalten Temperaturen zurückzuführen, die Rosen zur Keimung benötigen. Über den Äquator haben sie es durch die ständige Hitze und den dadurch fehlenden Nachwuchs nicht geschafft. Erst die Menschen mussten das für die Rosen erledigen und sie auf die Südhalbkugel transportieren und dort etablieren.

Nur ein kleiner Teil der Wildrosen ist in Europa heimisch. Die meisten stammen von der Hundsrose (*Rosa canina*, siehe Seite 53) oder der Zimtrose (*Rosa majalis*) ab. Viele Züchtungen der Hundsrose spielen heute noch eine wichtige Rolle bei der Rosenvermehrung. Sie dienen bei der Veredlung als Unterlage; das bedeutet, dass viele veredelte Rosen auf der Wurzel der Hundsrose gedeihen.

Die Gallische Rose (*Rosa gallica*) wird häufig als Ursprung der Gartenrosen genannt. Auch sie ist in Europa heimisch und war maßgeblich an der Entstehung einiger Klassen der alten Rosen

In Europa heimische Wildrosen, die heute noch in unseren Gärten zu finden sind

Art	Höhe	Farbe	Frucht	Wuchs
Rosa arvensis	1 m	weiß	kugelig, rot, 1 cm	flach
Rosa gallica	1 m	rosa	eiförmig, braunrot, 1 cm	aufrecht
Rosa marginata (R. jundzillii)	1,5 m	rosa	birnenförmig, orange, 2 cm	überhängend
Rosa majalis	2 m	rosa	kugelförmig, dunkelrot, 1 cm	buschig
Rosa pimpinellifolia	1 m	weiß	rund, schwarz, 1,5 cm	buschig
Rosa rubiginosa	2,5 m	rosa	eiförmig, orangerot	buschig
Rosa scabriuscula	2 m	rosa	kugelig, 1 cm	buschig

(Damascena-Rosen, Alba-Rosen und Zentifolia-Rosen) beteiligt.

Bei den Kletterrosen liegen die Wurzeln ebenfalls bei den alten Wildrosen. Die weiß blühende Feldrose (*Rosa arvensis*) steht hier als Ahne im Vordergrund. Vor allem bei den Ramblerrosen sind die langen, biegsamen Triebe der Feldrose, die sich überall hindurch schlängeln, gut wiederzuerkennen.

Der größte Teil der Wildrosen ist in Asien beheimatet. Eine der wichtigsten Wildrosen dieser Gegend ist die Kartoffelrose *Rosa rugosa*. Ende des 18. Jahrhunderts wurde sie nach Europa gebracht und hier vor allem in Frankreich und Deutschland weiter züchterisch bearbeitet. Sie ist in vielen modernen Strauchrosen enthalten und bietet neben den typischen Wildrosenblüten und den zahlreichen Hagebutten auch noch eine wunderschöne Herbstfärbung des Laubes. Inzwischen ist eine große Anzahl von Rosa-rugosa-Hybriden auf dem Markt, die viele der hervorragenden Eigenschaften (Herbstfärbung, kompakter Wuchs, sehr gesund) in unsere Gärten und öffentliche Grünanlagen bringen.

Für die züchterische Entwicklung der Kletterrosen sind die asiatischen Wildrosen *Rosa multiflora* und *Rosa wichuraiana* von großer Bedeutung. Beide sind in unseren Breiten etwas frostempfindlich. Gerade solche Schwierigkeiten sind für Rosenzüchter

Unten links: *Rosa pimpinellifolia* und *Rosa rugosa* (**unten rechts**) sind Wildrosen, die aber auch Einzug in heimische Gärten genommen haben.

In Asien beheimatete Wildrosen, die noch heute in unseren Gärten zu finden sind				
Art	**Höhe**	**Farbe**	**Frucht**	**Wuchs**
Rosa davidii	3 m	rosa	eiförmig, scharlachrot	leicht überhängend
Rosa filipes	6 m	weiß	eiförmig klein, rot	sehr lange, ausladende Triebe
Rosa macrophylla	2–4 m	hellrot	flaschenförmig, rot, behaart	elegant überhängend
Rosa moyesii	2 m	blutrot	flaschenförmig, orangerot	etwas staksig
Rosa roxburghii	2,5 m	weiß, hellrosa	grün, stachelig	breitbuschig
Rosa rugosa	1–2 m	weiß, rot	groß, rund, orange	kompakt, buschig
Rosa setipoda	3–5 m	dunkelrosa, Mitte heller	flaschenförmig, scharlachrot	aufrechter Strauch
Rosa sweginzowii	5 m	rot	flaschenförmig, orange	ausladend

aber eine echte Herausforderung. Es ist ihnen gelungen, Kletterrosen mit asiatischem Ursprung zu züchten, die kalte Winter hervorragend überstehen. Die Sorten 'Veilchenblau', 'Ghislaine de Féligonde' und 'Lykkefund' sind nur einige Beispiele dafür.

Das dritte Herkunftsland der Wildrosen ist Nordamerika. Die beiden wichtigsten Arten aus dieser Region sind Rosa virginiana und Rosa nitida. Für die züchterische Entwicklung in unseren Breiten haben sie jedoch keine großen züchterischen Beitrag geleistet. Auffällig ist, dass viele amerikanische Arten keine oder nur sehr wenig Stacheln an den Trieben haben.

Besonderheiten der Wildrosen

Wildrosen sind der geheime Schatz aller Rosen. Sie sind der Ursprung der Gartenrosen, da sie in allen gezüchteten Sorten genetisch enthalten sind. Auch wenn in vielen modernen Rosenzüchtungen die Wildrose kaum noch wiederzuerkennen ist, sind ihre Eigenschaften die Grundlage des Erfolgs der neuen Rosen: Ihre Widerstandsfähigkeit und Robustheit gegenüber Krankheiten und Schädlingen, sowie eine extreme Winterhärte sind unübertroffen. Da bei neuen Rosenzüchtungen wieder sehr viel Wert auf Gesundheit und Frosthärte gelegt wird, wird gerade diesem Aspekt eine große Bedeutung bemessen. Vor allem das gesunde Laub vieler Rosen ist ein Verdienst der Wildrosen. Als Entschädigung für die einmalige, relativ zeitige Blüte der Wildrosen dient der wunderschöne Hagebuttenansatz im Herbst: Keine andere Rosengruppe bietet eine solche Vielzahl unterschiedlicher Formen und Farben der Früchte! Ob kugelrund oder flaschenförmig, rot, orange oder schwarz – die Auswahl ist reichlich. Der Zierwert dieser leuchtenden Hagebutten bleibt weit bis in den Winter hinein erhalten. Noch heute werden

Unten: Verwunschen, wild und ein bisschen mystisch – so präsentiert sich die Wildrosengasse.

Beet- und Kleinstrauchrosen mit Wildrosencharakter

Sorte	Höhe	Blüte	Laub	Besonderes
'Apfelblüte'	80–90 cm	weiß	dunkelgrün	ADR 1991; öfter blühend
'Ballerina'	60–80 cm	rosa/weiß	mittelgrün	schönes Farbspiel, unzählige Blüten; öfter blühend
'Celina'	60–80 cm	gelb, ins Weiße übergehend	mittelgrün	ADR 1999
'Dagmar Hastrupp'	60–80 cm	silbrig-rosa	mittelgrün	öfter blühend; viele, leuchtend rote Früchte
'Heidefeuer'	50–60 cm	rot	dunkelgrün	sehr aufrecht
'Lavender Dream'	60–80 cm	violettrosa	dunkelgrün	ADR 1987; dichte Blütenbüschel, öfter blühend
'Rotes Meer'	60–80 cm	karminrot	matt, dunkelgrün	öfter blühend, gut bodendeckend; große rote Früchte
'Red Meidiland'	40–60 cm	dunkelrot mit weißem Auge	hellgrün	öfter blühend, gut bodendeckend
'Mozart'	100 cm	dunkelrosa mit weißem Auge	hellgrün	öfter blühend, große Blütenbüschel

Hagebutten dank ihres hohen Vitamin-C-Gehaltes für verschiedene Delikatessen eingesetzt. Am Bekanntesten sind Marmeladen und Gelees sowie diverse Teezubereitungen.

Die Blüten der Wildrosen waren früher schon wichtige Zutaten für kosmetische und medizinische Produkte. In den letzten Jahren werden wieder vermehrt Rosenöle, -bäder und -cremes hergestellt, da natürliche Stoffe oft einen besseren Ruf haben als ihre synthetisch hergestellten Konkurrenten. Und der Duft von Rosenprodukten ist Balsam für die Seele …

Wildrosen im Garten

In naturnahen, großen Gärten ist das Pflanzen einer Wildrose nahezu Pflicht. Der ökologische Wert dieser Rosengruppe ist durch andere Pflanzen nur schwer abzudecken. Wildrosen bieten Vögeln, Igeln und vielen Insekten nicht nur eine Nahrungsquelle, sondern auch einen geschützten Lebensraum, dank der abwehrenden Stacheln. Auch die Früchte sind eine Bereicherung, bieten sie doch eine gute Futterquelle.

Ein Wildrosenstrauch ersetzt mindestens fünf mit Sonnenblumenkernen gefüllte Vogelhäuser, denn das natürliche Futtervorkommen ist für Vögel viel wichtiger als Vogelhäuser und Meisenknödel aus Menschenhand.

Eine Schönheit mit Wildrosencharakter: 'Dagmar Hastrupp', eine Rugosa-Rose, besticht durch silbrig-rosa-farbene Blüten.

'Apfelblüte' ist eine moderne Bodendeckerrose mit unglaublichen Widerstandkräften gegen Krankheiten und extreme Witterungsbedingungen. Besonders in kleinen Gruppen zeigt sie ihre ganze Pracht.

Unten: Die rosafarbene 'Fantin Latour' gehört zu den historischen Rosen, die durch ihre besondere Wuchsform bestechen.

Moderne »Wildrosen«
Wem der Wuchs der Wildrosen für seinen Garten zu üppig und raumgreifend ist, der kann auch auf moderne Rosenzüchtungen zurückgreifen, die den klassischen Wildrosencharakter haben, aber nicht die großen Dimensionen einnehmen, wie die echten Wilden.

Bei vielen Beet- und Kleinstrauchrosen geht der Trend zurück zu flachen, einfachen bis halb gefüllten Blüten, die ihre auffällig gelben oder weißen Staubgefäße zur Schau stellen. An dichten Blütendolden zeigen diese Rosen ihre Blütenpracht für lange Zeit.

Viele von ihnen sind zu ihrem beeindruckenden Blütenreichtum auch noch öfter blühend, bieten also den ganzen Sommer über Blüten in leuchtenden Farben. Wer eine pollenspendende Rose für Insekten sucht, ist mit diesen noch besser beraten als mit klassischen Wildrosen, da die lange Blütezeit den Bienen und Hummeln sehr entgegen kommt.

Alte Rosen

Der genaue Anfang der Rosenzucht ist wohl niemandem bekannt. Nur Vermutungen und grobe Jahreszahlen lassen eine Entwicklung der Rosenkultur erahnen. Als wahrscheinlich gilt aber, dass in China und anderen Teilen Asiens der Ursprung der Rosen sitzt. Bereits vor 2000 Jahren wurden in China gezielt Rosen gezüchtet. Der größte chinesische Züchtungserfolg war die

Bekannte Gallica-Sorten

Sorte	Wuchs	Blüte	Besonderes
'Belle Isis'	aufrecht, bis 1,2 m hoch	zart blassrosa, flach, mittelgroß, gefüllt, öfter blühend	Blütenblätter rollen sich ein
'Cardinal de Richelieu'	1,2 m hoch, dünne Triebe	dunkelviolett, runde Knospen, locker	fast stachellos; verträgt einen kräftigen Rückschnitt
'Empress Josephine'	1,5 m hoch, lockerer Wuchs	tiefrosa, gemasert, locker gefüllt	wenig Stacheln, guter Duft; mag Schatten
'Rosa mundi' *versicolor*	1 m hoch	panaschierte Blütenblätter, weiß /rosa, halb gefüllt	starker Duft
'Tuscany'	1 m hoch	dunkelrot bis violett, halb gefüllt, goldene Staubgefäße	starker Duft

berühmte *Rosa chinensis*, die in Europa Ende des 18. Jahrhunderts eine regelrechte Rosenrevolution auslöste. Von China aus gelangte die Rose nach Persien, wo die Herstellung des fantastisch duftenden Rosenöls ihre Anfänge nahm. In Frankreich wurde im Jahre 1250 das erste Mal die Apothekerrose *Rosa gallica var. Officinalis* erwähnt. Aus ihren Blütenblättern entstand das in Europa mittlerweile sehr begehrte Rosenöl.

Erst ab dem 16. Jahrhundert erkannten die europäischen Gärtner den Zierwert ihrer Rosen für die Gärten und Parks und begannen die Züchtung zu intensivieren. Da aus der Erschaffung vieler neuer Sorten eine gewisse Unordnung resultierte, wurden erste Klassifizierungsversuche unternommen. Heute werden die historischen Rosen in elf Gruppen eingeteilt, wobei fünf vor der Einführung der chinesischen Rose entstanden sind und sechs nach deren Erscheinen in Europa. Im Folgenden finden Sie alte Rosen, die vor der Einführung der China-Rose entstanden sind.

Gallica-Rosen

Sie ist die wichtigste und älteste Gartenrose in unseren Breiten. Ihre stark duftenden rosafarbenen und karminroten Blüten wurden schon sehr früh zur Herstellung von Parfum und Rosenölen verwendet. Sie ist Ahne von einigen weiteren Rosengruppen, wie z. B. den Damascena-Rosen und den Zentifolien.

Die meisten Gallica-Rosen werden ca. 1 m hoch, wachsen kräftig aufrecht und haben schlanke Triebe mit vielen kleinen Stacheln. Die großen Blüten in kräftigen Farben stehen einzeln oder in Dreiergruppen und bilden einen sehr üppigen Blütenflor. Die einmal blühenden Gallica-Rosen bilden im Herbst runde, kräftig rote Hagebutten aus, die lange am Strauch haften. Sie steht meist auf ihrer eigenen Wurzel und neigt stark zur Ausläuferbildung. Eine Begrenzung um die Wurzel ist sehr zu empfehlen. Ihre Robustheit und Anspruchslosigkeit an den Boden ist von kaum einer anderen alten Rose zu übertreffen.

Eine weitere *Rosa gallica mundi versicolor*, die mit ihren panaschierten Blüten und dunkler Belaubung Rosenliebhaber begeistert.

Damascena-Rosen

Die Damascena-Rosen sind direkte Nachkommen der Gallica-Rosen und folglich ebenfalls sehr alt. Sie werden in zwei Gruppen eingeteilt, die Sommer-Damascena und die Herbst-Damascena. Da beide als zweites Elternteil Kletterrosen haben, ist ihr Wuchs wesentlich höher und lockerer als bei den Gallica-Rosen.

Sommer-Damascena-Rosen (Rosa x damascena) sind einmal blühend mit Blüten in allen Rosaschattierungen. Sie haben ein leicht gräuliches Laub, das unterseits mit einem leichten Flaum besetzt ist, und sehr stachelige Triebe. Die ausgezeichnet duftenden Blüten sitzen an kurzen Stängeln an den bis zu 2 m hohen, locker überhängenden Büschen.

Herbst-Damascena-Rosen (Rosa x damascena var. semperflorens) sind genau genommen die ersten öfter blühenden Rosen, da sie im Herbst ein zweites Mal blühen. Diese Blüte kann allerdings nicht als verlässlich bezeichnet werden – es kommt stark auf Wetter, Boden und Pflege an. Die Tatsache der zweiten Blüte machte sie aber in frühen Rosenzeiten sehr berühmt und begehrenswert. Sie trägt sehr hellgrünes Laub und ihre halb gefüllten Blüten sind wie bei den Sommer-Damascena-Rosen meist rosafarben. Mit einer Wuchshöhe von über 2 m und lockeren, überhängen Trieben schlagen sie ihrem Kletterrosen-Elternteil mehr nach als die Sommer-Damascenen.

Es gibt heute nur noch wenige Damascena-Sorten auf dem Markt. Für Liebhaber, die sich intensiv mit der Rosengeschichte beschäftigen, sind sie sicherlich eine Bereicherung im Garten. Für den »normalen« Rosenfreund werden vor allem die Herbst-Damascena-Rosen häufig als »entbehrlich« eingestuft.

Heute noch erhältliche Sorten mit hervorragenden Roseneigenschaften sind 'Celsiana' (zartrosa, halb gefüllt, 1,5 m hoch); 'Ispahan' (rosa, gefüllt, 1,5 m hoch); 'Leda' (rosa bis weiß, gefüllt, 1 m hoch) und als beste 'Rose de Resht' (fuchsienrot, gefüllt, 1 m hoch).

Oben links: 'Cardinal de Richelieu', wie könnte es anders sein, in entsprechender dunkelvioletter Färbung.

Oben rechts: 'Tuscany' offenbart in der Mitte goldgelbe Staubgefäße, die wie kleine Sonnen aus der roten Blüte leuchten.

Unten: Eine der noch wenigen erhältlichen Damascena-Rosen ist die 'Rose de Resht'.

Alba-Rosen

Die meisten Rosen dieser Gruppe blühen, wie der Name schon vermuten lässt, weiß. Auch zarte bis etwas kräftigere Rosatöne sind zu finden, im Verblühen werden aber auch diese sehr hell bis weiß. Sie gelten als »Highlight« der historischen Rosen vor der Einführung der Chinesischen Rosen, da sie in ihrer Winterhärte und Robustheit kaum zu übertreffen sind. Ihre Blüten sind anmutig und zart, ihr Laub leicht grau und ihr Wuchs ist von Sorte zu Sorte unterschiedlich, allerdings immer bogig überhängend. Auch für halbschattige Plätze sind diese Rosen gut einsetzbar.

Die genaue Entstehung lässt sich zeitlich nur schwer einordnen. Sicher ist dagegen, dass ihre Eltern *Rosa canina* und *Rosa damascen* oder *Rosa gallica* waren. Heute sind noch ca. 15 Sorten im Handel erhältlich. Der größte Kaufanreiz dürfte für viele der intensive Rosenduft sein, den Alba-Rosen verbreiten.

Die besten, noch erhältlichen, Sorten sind 'Celestial' (helles Silbrigrosa, halb gefüllt, 1,8 m hoch); 'Jeanne d'Arc' (cremeweiß, kraus gefüllt, 1,8 m hoch); 'Königin von Dänemark' (kräftig rosa, gefüllt, 1,5 m hoch); 'Mme Legras de St. Germain' (weiß, stark gefüllt, 2 m hoch); 'Maiden's Blush' (hellrosa, gefüllt, 1,5 m hoch).

Zentifolia-Rosen

Diese Gruppe kann ihrem Ursprung nach nur noch schwer identifiziert werden. Ziemlich sicher waren auch hier *Rosa gallica*, *Rosa canina* und *Rosa damascena* beteiligt. Im 16. Jahrhundert fanden die Züchter, vor allem die Holländer, großes Interesse an den Zentifolia-Rosen und brachten eine große Anzahl neuer Sorten auf den Markt.

Die Blüten sind vornehmlich weiß bis rosa und oft etwas schwer für die Triebe, auf denen sie stehen. Eine Nachblüte im Herbst ist selten, sie gelten als einmal blühend. Ihr Wuchs ist sehr locker überhängend. Oft müssen die Triebe bereits vor der Blüte hochgebunden werden um sich nicht zur Erde zu neigen. Je nach Eltern ist die Höhe der Zentifolien mit 60 cm bis 2,5 m sehr variabel. Angeblich wachsen wurzelechte Zentifolia-Rosen kompakter und buschiger als veredelte.

Die stacheligen Sträucher sind von nahem schön anzusehen, ihre Fernwirkung dagegen ist nicht als allzu berauschend einzustufen. Betrachtet man die Robustheit etwas genauer, muss man zugeben, dass ein Befall mit Mehltau relativ häufig ist und Zentifolia-Rosen auch gerne von anderen Krankheiten heimgesucht werden. Ein optimaler Standort in voller Sonne, aber etwas windig, ist die Voraussetzung für ein akzeptables Blüte- und Wuchsergebnis.

Die gängigsten Vertreter, die sich zudem durch einen betörenden Duft auszeichnen, sind die Sorten: 'Fantin Latour' (rosa, gefüllt, 1,5 m hoch); 'La Noblesse' (zartrosa, gefüllt, 1,5 m hoch); 'The Bishop' (purpurn, gefüllt, 1,2 m hoch)

Unten links: 'Maiden's Blush' gehört zu den schönsten Alba-Rosen, die einen intensiven Duft verbreitet.

Unten rechts: Von Farbe und Blütenaufbau her eine klassische Zentifolia-Rose: 'Fantin Latour'. Ihr betörender Duft ist für diese Gruppe eher untypisch.

Robust und anspruchslos zeigen Moosrosen im frühen Sommer gerne ihre Blüten. 'Gloire des Mousseaux' **(links)** und 'Salet' **(rechts)**.

Moosrosen

Mitte des 18. Jahrhunderts entstanden durch Zufall die Moosrosen, die sich vor allem durch ihren moosigen Bewuchs der Knospen und der oberen Blütenstiele auszeichnen. Dieses ausgefallene Merkmal war vorher noch nie bei Rosen aufgetreten und gilt noch heute als absolute Besonderheit. Allerdings steht die Schönheit der Blüten den meisten anderen Rosen nach. Der Versuch, öfter blühende Rosen einzukreuzen, misslang immer wieder, und so sind sie bis heute nur einmal blühend, manche vielleicht mit einem schwachen Nachflor.

Moosrosen sind sehr widerstandsfähig und stellen eher geringe Ansprüche an ihre Umgebung. Sie gedeihen im Halbschatten ebenso, wie auf ungünstigen Böden.

Die wichtigsten Sorten der Moosrosen sind bis heute 'Gloire des Mousseaux' (rosa, halb gefüllt, 1,2 m hoch); 'Salet' (rosa, halb gefüllt, als einzige öfter blühend, 1,2 m hoch); 'William Lobb' (rosa, halb gefüllt, 2,5 m hoch, locker überhängend).

Die Einführung der chinesischen Rosen

Im 18. Jahrhundert reisten Europäer vermehrt in den fernen Osten. Von diesen Reisen brachten sie unterschiedliches Pflanzenmaterial, unter anderem auch Rosen, mit nach Europa. Diese Rosen waren nicht besonders schön und in unseren Breiten auch nicht verlässlich winterhart. Diese beiden Tatsachen sorgten dafür, dass die chinesischen Rosen schnell in Vergessenheit gerieten. Ein Punkt wurde in dieser Zeit allerdings nicht beachtet: Das Remontieren, der Fachausdruck für »öfter blühend«. Einige Sorten, vor allem der Portland-Gruppe erfüllten diese Eigenschaft zwar auch, aber nicht so ausgeprägt wie die chinesischen Rosen. Erst Ende des 18. Jahrhunderts brachten europäischen Züchter neue Sorten auf den Markt, die die Eigenschaft des öfter Blühens bzw. Remontierens erfüllten.

Ein weiterer wichtiger Aspekt für die Züchtung mit chinesischen Rosen war die Einführung neuer Rosenfarben. Die Farben Weiß, Rosa und Karmesinrot waren in allen Variationen bereits auf dem Markt, so dass einige

Unten: Die erste China-Rose 'Old Blush' ist maßgeblich an den moderne Rosen beteiligt.

Experten die Farben Gelb und Rot dankbar aufnahmen. Ziel der neuen Zuchtlinien war es also, die Robustheit und Winterhärte der heimischen alten Rosen mit dem öfter Blühen und den Farben Gelb und Rot zu kombinieren. Nach Erhalt der ersten erfolgreichen neuen Rosensorten, die chinesisches Erbmaterial in sich trugen, stellten die Züchter fest, dass das Laub wesentlich dunkel und glänzender war, als das bisherige. Die Stacheln waren größer und weniger an der Zahl, neue Blütenformen waren entstanden und der Duft offenbarte eine völlig andere Richtung als bisher.

China-Rosen

1781 wurde die erste China-Rose auf den Markt gebracht. Es handelte sich um die Sorte 'Old Blush', die maßgeblich an den modernen öfter blühenden Rosen beteiligt ist. China-Rosen zeigen einen zierlichen Wuchs bis zu 1 m Höhe und rote Triebspitzen im Austrieb, die auch bei vielen Edelrosen wiederzufinden sind. Sie haben nur wenige Stacheln, die sehr hakenförmig aussehen und sich leicht umknicken lassen. Ihr Laub ist groß, satt dunkelgrün und glänzend. In unseren Breiten sind sie nur unter Glas oder in Töpfen, die den Winter über geschützt stehen, zu kultivieren, da die Winterhärte als sehr gering einzustufen ist. In ihrem natürlichen Vorkommen sind sie bei uns nicht mehr zu finden. Einige alte China-Rosen haben bereits eine lachsorange bis apricot angehauchte Farbe ('Perle d'Or', 'Comtesse du Cayla'), die im Moment bei den modernen Rosen sehr beliebt ist. Die einzige sehr außergewöhnlich blühende grüne Rose (*Rosa viridiflora*) ist auch dieser Gruppe zuzuordnen. Sie zeigt keine Blütenblätter im klassischen Sinn, sondern nur braungrüne Hochblätter (Brakteen).

Noisette-Rosen

Diese Gruppe entstand in Amerika, wo die China-Rose ebenfalls Einzug hielt. 1802 kam das Resultat der Kreuzung China-Rose (Rosa chinensis) mit der Moschus-Rose (Rosa moschata) als 'Champney's Pink Cluster' auf den Markt. Die edle, zart rosarote Blüte dieser Sorte sieht aus wie gemalt und sie ist noch heute in den Gärten zu finden.

Noisette-Rosen sind bereits winterhärter als die China-Rosen, allerdings nicht in allen Regionen zuverlässig. Ihr Wuchs ist meist kletternd bis elegant überhängend mit schönem kräftig grünem Laub. Die neue Duftrichtung, hervorgerufen durch die China-Rose, ist bei dieser Gruppe sehr stark ausgeprägt. Einige Sorten der Noisette-Rosen bergen die Vorreiter der gelben Farbe in sich, vor allem bei Kletterrosen. Rosa und Rot sind hier als Farben kaum vertreten.

Unten links: Champney's Pink Cluster ist eine der ersten Noisette-Rosen mit unbeschreiblich gutem Duft.
Unten rechts:´Blush Noisette' ist ein Sämling von ´Champney's Pink Cluster' und kann auch als niedrige Kletterrose gezogen werden.

Noisette-Rosen, die noch heute in unseren Gärten zu finden sind

Sorte	Wuchs	Blüte	Besonderes
'Blush Noisette'	2 m hoch, kletternd oder locker buschig	zartrosa; halb gefüllt	Sämling von 'Champney's Pink Cluster'
'Bouquet d'Or'	bis 3 m hoch, starkwüchsig	gelb bis lachsfarben; dicht gefüllt; stark duftend	sehr schönes Laub
'Maréchal Niel'	bis 4 m hoch, starkwüchsig	goldgelb; dicht gefüllt; gut duftend	frostempfindlich
'Mme Alfred Carrière'	bis 4 m hoch, starkwüchsig	weiß bis leicht rosa; große, locker gefüllte Blüten	sehr robust; lange Blütezeit

Portland-Rosen

Angeblich wurde 1827 in Frankreich der Grundstein für diese Rosengruppe gelegt. Die China-Rose soll hierfür mit der Gallica-Rose gekreuzt worden sein. Auch Damaszena-Rosen und Zentifolia-Rosen sollen daran beteiligt sein. Genau sind die Elternteile also nicht mehr zu bestimmen. Trotzdem ist es eine Gruppe, die hohe Aufmerksamkeit verdient.

Die Gruppe der Portland-Rosen beinhaltet einige der schönsten alten Rosensorten, die noch erhältlich sind. Das ist wohl hauptsächlich auf ihren ausgezeichneten Wuchs zurückzuführen, der aufrecht, buschig, kompakt und nicht so ausladend ist, wie der vieler anderer alter Sorten. Ihre Blütezeit im Frühsommer ist sehr lang und im Herbst erscheint ein zweiter Blütenflor. Einige gute Sorten dieser Gruppe blühen fast durchgehend. Durch diese Eigenschaft war sie sofort ein wichtiger Bestandteil für die weitere Züchtung. In den Gärten war sie ebenfalls ein Schmuckstück, da ihr Zierwert über längere Zeit erhalten blieb als bei einmal blühenden Rosen. Die gut duftenden Blüten stehen in den Farben rosa, kräftig pink und dunkelrot in kleinen Dolden an kurzen Blütenstielen.

Portland-Rosen zeichnen sich durch eine sehr gute Winterhärte und Widerstandsfähigkeit gegenüber Krankheiten aus.

Bourbon-Rosen

Diese Rosengruppe entstand fast zeitgleich mit den Portland-Rosen, allerdings ist hier die Herkunft eindeutiger. Die China-Rose 'Old Blush' war sicherlich betei-

Oben: Schöne Blüten, guter Wuchs und ausgezeichnete Winterhärte, alle diese Eigenschaften erfüllt die Portland-Rose 'Mme Knorr'.

Bekannte Portland-Rosen, die für unsere Gärten geeignet sind

Sorte	Wuchs	Blüte	Besonderes
'Comte de Chambord'	90 cm hoch buschig	rosa; bis zu 8 cm groß, dicht gefüllt	guter Duft; großes Laub
'Jacques Cartier'	1 m hoch	hellrosa; bis zu 8 cm groß, flach, unordentlich	guter Duft
'Jeune Henry'	1 m hoch	karminrot; reich blühend	guter Duft; sehr robust
'Mme Knorr'	1,5 m hoch	rosa; halb gefüllt	guter Duft; dunkles Laub
'Rose du Roi'	90 cm hoch, locker	purpurn; locker gefüllt	guter Duft; dunkles graugrünes Laub

Die besten Bourbon-Rosen für unsere Gärten			
Sorte	**Wuchs**	**Blüte**	**Besonderes**
'Boule de Neige'	1 m hoch, aufrecht	weiß; dicht gefüllt, kugelig	glänzendes Laub, wenig Stacheln
'Honorine de Brabant'	1,5 m hoch, überhängend, kletternd	panaschierte, verschiedene Rosatöne; locker, becherförmig	großes, üppiges Laub
'Louise Odier'	1,2 m hoch, starkwüchsig	dunkelrosa; perfekt gefüllt; flach und rund	sehr gesund, gute Schnittblume
'Robusta'	1,8 m hoch, starkwüchsig	karminrot; flach, geviertelt; büschelförmig	sehr robust
'Souvenir de la Malmaison'	1–1,5 m hoch	cremeweiß bis leicht Rosa; groß, geviertelt, dicht gefüllt	bleibt niedrig buschig; liebt Trockenheit
'Variegata di Bologna'	1,5 m hoch, sehr licht	cremeweiß mit purpurn gestreift; gefüllt, flach-rundlich	wenig Laub, schwere Blütentriebe
'Zéphirine Drouhin'	2 m hoch, buschig bis kletternd	kirschrosa; becherförmig und halb gefüllt	stachellose Triebe; lange blühend
'Zigeunerknabe' ('Gipsy Boy')	1,3 m hoch, ausladend	violett- bis dunkelrot; gefüllt, klein	derbes Laub, auch als Kletterrose möglich

ligt sowie eine Herbst-Damascena-Rose. Die sehr lange und öfter blühenden Strauchrosen wurden von den Züchtern bald als wertvolle Neuheit erkannt und fleißig weiter züchterisch bearbeitet. Dementsprechend unterschiedlich sind auch ihr Wuchs und ihre Blüten. Von 90 cm bis 2 m Höhe, von kompakt buschig bis bogig überhängend und von Rosa über Weiß bis Rot ist alles vertreten. Einzig der gute Duft ist allen gemeinsam.

Viele heute noch bekannte alte Sorten gehören zu dieser Gruppe, da sie sehr robust und winterhart sind. Für jede Gartengröße und auch für unterschiedliche Klimabedingungen findet man hier eine passende Rose mit dem klassischen alten Charme.

Unten links: Die Bourbon-Rose ´Louise Odier' ist eine nahezu perfekte Rose.

Unten rechts: ´Zéphirine Drouhin' kommt, wie der Name schon sagt, aus Frankreich und hat eine außergewöhnlich lange Blütezeit.

Oben links: 'Baron Girod de l'Ain' zieht die Blicke durch den zarten weißen Rand an den Blütenblättern auf sich. **Oben rechts:** Sie zeigt wunderschöne große, weiße Blüten, aber Regen mag 'Frau Karl Druschki' nicht.

Remontant-Rosen

Remontant-Rosen sind eine Mischung aus allen alten Rosen nach der Einführung der Chinesischen Rose. Folglich entstanden sie als eine der letzten. Die Gene sind von öfter blühenden Vorfahren geprägt, so dass sie einen langen, den Sommer überdauernden Blütenflor aufweisen und sehr gesund sind. Ihre Frosthärte ist ausgezeichnet, wenn sie in rauen Lagen angehäufelt werden. Da sie relativ groß und ausladend wachsen, wünschen sie sich einen einzelnen Standort, an dem sie sich in Ruhe entfalten können. Im Beet wirken sie durch die langen Triebe eher erschlagend als zierend. Ihre Blütenfarben umfassen alle Rosatöne, kräftiges Karminrot und vereinzelt Weiß. Viele berühmte historische Rosen werden dieser Gruppe zugeordnet.

Teerosen

Teerosen kamen, wie die China-Rosen aus dem fernen Osten zu uns nach Europa. Sie bilden das Bindeglied zwischen den alten und den modernen Rosen. In unseren Gärten sind sie kaum noch zu finden, was vor allem mit ihrer mangelnden Winterhärte und Ro-

Berühmte Remontant-Rosen

Sorte	Wuchs	Blüte	Besonderes
'Alfred Colomb'	1 m hoch, buschig	karminrosa; groß, voll	dichte Belaubung; öfter blühend; duftet nach Apfel
'Baron Girod de l'Ain'	1 m hoch, schwachwüchsig, mäßig verzweigt	karminrot mit weißem Rand; groß, dicht gefüllt	feste Stacheln, dunkles Laub; öfter blühend
'Baroness Rothschild'	1,2 m hoch, kompakt	hellrosa; groß, gut gefüllt, schalenförmig	graues, großes Laub; gute Schnittrose
'Ferdinand Pichard'	1,5 m hoch, auch kletternd	weiß/pink gestreift; gefüllt, bis 10 cm groß, becherförmig, duftend	weiches hellgrünes Laub; beste gestreifte Sorte
'Frau Karl Druschki'	1,3 m hoch, kräftig	reinweiß; rund, dicht gefüllt	trockenheitsliebend, helles Laub, große Stacheln
'Mrs John Laing'	1,2 m hoch, aufrecht, dicht	silberrosa; flach, schön gefüllt	graues Laub, fast stachellos, sehr gesund

bustheit begründet werden kann. Für weitere Züchtungen sind sie jedoch von großer Bedeutung: So wie die China-Rose für die Entstehung einer neuen öfter blühenden Rosenrichtung verantwortlich ist, steht die Teerose am Anfang der Züchtungsrichtung moderner Rosen. Die typische langgezogene Knospenform mit der hohen Mitte unserer Edelrosen stammt von ihr ab. In der damaligen Zeit gab es Rosenausstellungen, die ausschließlich auf die Form der Knospen und geöffneten Blüten hin ausgerichtet waren. Hier war die Teerose lange Zeit ein großer Favorit bei den Besuchern dieser Ausstellungen. Die Farbe Gelb, die ja bereits durch die China-Rosen eingekreuzt wurde, erfuhr ebenfalls einen großen Aufschwung durch die Teerosen.

Praktisches zu den historischen Rosen

Für den Rosenanfänger ist es sicher nicht empfehlenswert als Einstieg alte Rosen in seinen Garten zu pflanzen. Moderne Rosen sind wesentlich handlicher und einfacher zu pflegen. Wer aber gerne tiefer ins Rosenmetier eintauchen möchte, kommt an den historischen Klassikern nicht vorbei, was auch gerechtfertigt ist. Sie bringen eine jahrhundertealte Tradition in unsere Gärten, die trotz der veränderten Gartensituationen in unserer Zeit, zu fast jeder Gestaltung passt.

Die wahren Liebhaber alter Rosen freuen sich über die üppige Blüte ihrer Lieblinge im Juni und verschmerzen problemlos die eventuell fehlende Nachblüte. Wer sich vor dem Kauf gut informiert, findet auch robuste Sorten für raue Lagen, die sehr genügsam sind und ohne mühselige Pflanzenschutzmaßnahmen gedeihen.

Häufig werden in Katalogen oder auf Etiketten nur die Blüten abgebildet und nicht der gesamte Rosenstrauch. Bei alten Rosen ist die Gefahr sehr groß, trotz eines bunten Etiketts ein ausladendes, nur spärlich belaubtes Exemplar mit nickenden Blüten zu erstehen. Die Wuchseigenschaften sind teilweise mangelhaft beschrieben und bringen nur selten das erhoffte Ergebnis. Hier sollte man genaue Erkundigungen einziehen und am besten persönlich mit einem Rosenzüchter sprechen. Ausreichende Information spart später viel Arbeit mit Pflege und Pflanzenschutz.

Düngung und Pflege

Den meisten einmal blühenden alten Rosen reicht ein einmaliges Düngen im Frühjahr (März bis April) aus. Sie stellen nicht so hohe Ansprüche an die Nährstoffversorgung wie die modernen Rosen. Öfter blühende sind jedoch für eine zweite Düngergabe im Juni dankbar. Ein guter Boden mit einem ausreichenden Lehmanteil ist für einen schönen Wuchs und viele Blüten sehr wichtig.

Da alte Rosen am einjährigen wie auch am zweijährigen Holz blühen können, ist der Rückschnitt mit Bedacht anzugehen. Einen radikalen Rückschnitt mögen sie alle nicht. Altes und totes Holz soll im Frühjahr ausgelichtet werden, ebenfalls zu dicht stehende Triebe. Die Gefahr unerwünschter Krankheiten wird somit reduziert. Ansonsten sind jährliche drastische Schnittmaßnahmen nicht notwendig – alle 2, 3 oder sogar nur 4 Jahre reicht völlig aus, um die Rosen im Zaum zu halten (siehe dazu Seite 15ff.).

Unten: Wenn alle Rahmenbedingungen stimmen, belohnen Rosen dies mit üppigem Wuchs.

Moderne Rosen

Edelrosen

Die zeitlich zuletzt gezüchtete Gruppe der alten Rosen sind die Teerosen. Ihre Knospen sind hochgebaut mit einer spitzen Mitte, die geöffneten Blüten gefüllt und kelchförmig. Sie unterscheiden sich stark von anderen alten Rosen mit ihren flachen, schalenförmigen Blüten und den vielen, zum Teil unordentlich verteilten, Blütenblättern. Diese Tatsache reizte die Rosenzüchter sehr, und da sie immer auf der Suche nach neuen Rosenfarben und -formen waren, verwendeten sie die entdeckten Rosen für neue Züchtungen.

Es entstanden die Teehybriden, unsere Edelrosen. Die erste Edelrose mit dem entsprechenden Blütenaufbau kam 1867 auf den Markt und hatte den Namen 'La France'. 1872 entstand 'Cesthunt Hybrid' als erste rote Edelrose, die von ihren Remontant-Rosen-Vorfahren die Winterhärte und Robustheit mitbrachte. 1898 wurde 'Soleil d'Or' eingeführt, die erste gelbe Edelrose. Sie ist zwar nicht von ausgesprochener Schönheit, aber ihre Gene sind in fast allen gelben Rosen enthalten.

Als echte Neuheiten dieser Teehybriden galten der vergleichsweise niedrige, sehr aufrechte Wuchs, die einzelne Blüten an jedem Blütenstiel und der notwendige radikale Rückschnitt in jedem Frühjahr.

Sehr lange Zeit waren die Edelrosen auf dem Vormarsch durch unsere Gärten. Sie verdrängten viele historische Rosen von ihren Plätzen und brachten Rosenbeete in Mode. Lange Jahre konzentrierten sich die Züchtungen nur auf Blütenform und Duft – Wuchsform und Robustheit der Sorten waren nur zweitrangig. Erst in den letzten Jahren begann ein Umdenken der Rosenzüchter. Neue Edelrosensorten bieten vielleicht nicht mehr ganz die klassische Knospen- und Blütenform, dafür aber einen gesunden und buschigen Rosenstock, der sich gut in ein gemischtes Beet einfügt und weniger Pflegeaufwand fordert. Da aber in den Teehybriden viele Gene der empfindlichen Teerosen stecken, ist ein Mehraufwand an Pflege unumgänglich. Ein guter Winterschutz ist vor allem für gelb blühende Edelrosen extrem wichtig. Bei allen Teehybriden muss regelmäßig altes, krankes und totes Holz entfernt werden, damit sich an diesen Stellen keine Krankheitskeime festsetzen. Ein Spritzen mit Pflanzenschutzmitteln ist bei den neueren Sorten nicht mehr so häufig nötig, wie noch bei den älteren. Trotzdem ist stete Kontrol-

Schöne Edelrosen für unsere Gärten

Sorte	Wuchs	Blüte	Besonderes
'Ambiente'	70 cm hoch	cremeweiß mit gelblicher Mitte, stark gefüllt	sehr unempfindlich
'Dieter Wedel'	60 cm hoch, kompakt	dunkelrot; stark gefüllt, duftend	sehr gesund; öfter blühend
'Doris Tysterman'	80 cm hoch, straff aufrecht	kupferorange; groß, gefüllt, schwach duftend	sehr robust
'Duftzauber 84'	70 cm hoch, aufrecht	dunkelrot; samtig schimmernd; hochgebaut, duftend	sehr reich blühend; öfter blühend
'Gloria Dei' (Peace)	1 m hoch, aufrecht	cremegelb mit rosa Mitte; groß	meist verkaufte Rose der Welt; öfter blühend
'Holsteinperle'	90 cm hoch	korallenrot bis orangerosa; groß, stark gefüllt	robust, wetterfeste Blüten; leider nicht duftend
'Inspiration'	80 cm hoch	rosa, innen lachsfarben bis gelb	robust
'Polarstern'	1 m hoch, starkwüchsig	reinweiß; groß, stark gefüllt	frosthart, robust; öfter blühend
'Silver Jubilee'	1 m hoch, buschig	silbrig-rosa; bis zu 12 cm groß, duftend	reich blühend, ausgezeichnete Rose

le und ein eventuelles Spritzen alle 2 bis 3 Wochen angebracht.

Der Pflanzabstand zwischen Edelrosen sollte ca. 70 cm betragen, damit sich der Rosenstock ausbreiten kann und trotzdem genügend Wind um die Pflanze weht, um sie regelmäßig abtrocknen zu lassen. Dies ist wichtig, um Pilzkrankheiten von den Rosen fernzuhalten, die sich in feuchtem Milieu gerne aufhalten und vermehren. Stauden, die zum Wuchern neigen, sollten einen größeren Abstand zur Rose haben, denn im Wurzelraum sind Edelrosen gerne ungestört. Die Veredlungsstelle der Edelrosen gehört bei der Pflanzung 5 cm unter die Erdoberfläche. Nur so ist sie ausreichend geschützt vor Frost und anderen schädlichen Umweltfaktoren.

Auf der Suche nach einer guten Schnittrose für die Vase sind Edelrosen die geeignete Wahl für jeden Gärtner. Sie bilden ausreichend lange Blütentriebe, die sich gut schneiden lassen. Der richtige Schnittzeitpunkt ist bei den Edelrosen sehr einfach zu erkennen. Zeigt die sich öffnende Knospe Farbe und die Kelchblätter biegen sich nach hinten um, ist es so weit.

Im Beet ist die einzelne Rosenblüte der Edelrosen ein klarer Nachteil. Ist sie verblüht, dauert es sechs bis sieben Wochen bis sich die nächste Blüte öffnet. Die Blütenpause ist im Vergleich zu Beet- oder Bodendeckerrosen sehr lang.

In den letzten Jahren nahm die Beliebtheit der Edelrosen auf dem Rosenmarkt eher ab, was eventuell daran liegen könnte, dass sie nach einer Phase großer Beliebtheit nun doch einmal die Favoritenstellung zugunsten anderer Exemplare aufgeben mussten. Außerdem arbeiteten die Züchter wesentlich intensiver an Beet-, Strauch- und den so genannten romantischen Rosen. Folglich sind in diesen Gruppen größere Fortschritte bezüglich neuer Farben und Blütenformen sichtbar als bei den Edelrosen.

Beetrosen

Der Begriff »Beetrosen« ist eine Zusammenfassung der früheren Polyantha-Rosen und der Floribunda-Rosen. Polyantha-Rosen hatten viele kleine Blüten an großen Blütenbüscheln, waren öfter blühend und zeigten einen niedrigeren Wuchs als die Edelrosen. Ihre Winterhärte war von Anfang an sehr gut. Die Floribunda-Rosen sind aus einer Mischung von Teehybriden und Polyantha-Rosen entstanden. Ihre einzelnen Blüten an den Dolden waren bereits deutlich größer als die der reinen Polyantha-Rosen. Der Wuchs beider Gruppen war wesentlich gefälliger als der straff aufrechte Habitus der Edelrosen. Sie wachsen gut verzweigt, breit buschig und kompakt, mit einer Höhe von 40 bis 90 cm. Je nach der Größe der Blütenbüschel ist ein leicht überhängender Wuchs auch keine Seltenheit. Ihr Laub ist klein und sattgrün, der Strauch ist aber sehr dicht belaubt.
Das Problem »Gelb« bei der Blütenfarbe wurde sehr spät gelöst. Erst 1938 entstand die erste rein gelb blühende Floribunda-Rose 'Poulsens Yellow'. Sie war der

Unten links: Mit unzähligen Namen versehen, machte 'Gloria Dei' – in den letzten Kriegsjahren gezüchtet – auf sich aufmerksam. Sie ist die meist verkaufte Rose der Welt

Unten rechts: 'Maxi Vita', mit dem ADR-Prädikat dekoriert, besticht durch ihre leuchtende orangerosane Blütenpracht mit gelborangenem Blütenboden und ansprechender Blütenform.

Beetrosen für unsere Gärten			
Sorte	**Wuchs**	**Blüte**	**Besonderes**
'Bernd Weigel Rose'	60 cm hoch, gut verzweigt	zartrosa; locker gefüllt	leichter Duft, gesund
'Fellowship'	50 cm hoch, buschig, gleichmäßig	leuchtend orange; halb gefüllt	sehr robust
'Kronjuwel'	60 cm hoch, buschig	Dunkelrot, locker gefüllt	ADR 1999, sehr frosthart
'Ledreborg'	50 cm hoch, buschig	weiß mit gelblichem Schimmer; dicht gefüllt	
'Maxi Vita'	60 cm hoch, locker, kleines Laub	orangerosa; halb-gefüllt, mittelgroß	ADR 2000
'Neon'	60 cm hoch, sehr breit	karminrosa; halb gefüllt	ADR 1999
'Rosenwunder'	50 cm hoch, gut verzweigt	kräftig rosa; gefüllt, mittelgroß	robust
'Rotilia'	60 cm hoch, buschig	karminrot; halbge-füllt, mittelgroß	ADR 2002; leichter Duft
'Tendence'	80 cm hoch	karamell bis gelb	leichter Duft

Ausgangspunkt für die anschließend gezüchteten gelben und orangefarbenen Sorten.

Ab einem gewissen Zeitpunkt der Züchtungen beider Gruppen war es sogar für Spezialisten schwierig, neue Sorten einer Gruppe zuzuordnen. Die Zusammenlegung zum Begriff »Beetrosen« kam vermutlich allen Züchtern sehr entgegen.

Bei den Beetrosen sind alle Blütenformen vertreten. Dicht gefüllte, halb gefüllte, einfache Blüten, schalenförmig, edelrosenähnlich oder romantisch, alle Variationen sind möglich. Unter den Beetrosen waren in den letzten Jahren viele Sorten, die mit dem ADR-Prädikat ausgezeichnet wurden. Das deutet auf einen guten Kurs der Züchter hin sowie auf eine Vielzahl neuer Züchtungen. In unseren Gärten haben die Beetrosen den Edelrosen den Rang abgelaufen, da sie sich in gemischte Beete, wie sie heute modern sind, besser einfügen. Dafür ist sowohl der attraktivere Wuchs verantwortlich, als auch die unermüdliche Blüte, die durch die großen Blütenbüschel beinahe unendlich lange den Strauch ziert. Hohe Sorten können gut einzeln als »Highlights« eines Beetes gepflanzt werden, niedrige Sorten dagegen in kleinen Gruppen, um eine gute Flächenwirkung zu erzielen.

Dank der Beetrosen haben auch die Rosenstämmchen eine Renaissance erlebt. Werden Beetrosen statt Edelrosen auf Stamm veredelt, ist der Wuchs anmutiger, die Blütenpracht länger haltbar und die Gesundheit besser. Die mangelnde Widerstandsfähigkeit war wahrscheinlich der Hauptgrund, warum Edelrosen auf Stamm kaum noch zu verkaufen sind.

Alle Beetrosen sind sehr verlässlich öfter blühend und strotzen meist vor guter Gesundheit. Die Winterhärte ist ebenfalls sehr zufriedenstellend. In Gegenden mit rauem Klima ist aber auch hier eine Abdeckung und ein Anhäufeln empfehlenswert.

Beim Pflanzen ist je nach Wüchsigkeit der ausgesuchten Sorten ein Abstand von 40 bis 60 cm ausreichend. Sie mögen, wie die Edelrosen, keine Wurzelkonkurrenz, ertragen aber etwas mehr Enge. Da die meisten Beetrosen auf eine fremde Wurzel veredelt sind, muss auch hier die Veredlungsstelle 5 cm unter der Erde liegen, damit sie einigermaßen vor extremen Minustemperaturen geschützt ist. Der Pflegeaufwand der Beetrosen ist relativ gering. Im Frühjahr werden sie im März radikal bis auf 3 bis 6 Augen zurückgeschnitten, um ein kräftiges Wachstum zu fördern.

Zwei Düngungen, im März und im Juni, sorgen für gesundes Laub und üppige Blütenansätze. Pflanzenschutzmaßnahmen gegen Ungeziefer und Krankheiten sollten eher die Ausnahme sein. Sternrußtau und Rosenrost sind zwar auch bei Beetrosen anzutreffen, allerdings ist der Befall oft tolerierbar oder mit wenigen Spritzungen gut einzudämmen.

Strauchrosen

Unter dem Sammelbegriff »Strauchrosen« fasst man alle Rosen zusammen, die höher als ca. 1 m wachsen, dabei relativ breit ausladen und am liebsten einzeln stehen. Man unterteilt diese Gruppe in einmal und öfter blühende Strauchrosen, wobei die zugeordneten Rosen auch 2 Gruppen angehören können, z. B. den historischen und den einmal blühenden Strauchrosen. Es handelt sich also mehr um einen lockeren Zusammenschluss aller etwas höheren Rosen. Ursprünglich wurden für die Züchtung der Strauchrosen Wildrosen, u. a. *Rosa multiflora*, *Rosa moschata* und *Rosa rugosa* miteinander gekreuzt. Um größere, dicht gefüllte Blüten zu erhalten, kreuzte man noch Teehybriden und Floribunda-Rosen mit ein.

Noch heute werden in manchen Katalogen die Rugosa-Hybriden separat aufgeführt, da sie immer noch diesen eigenen Charakter der Apfelrose aufweisen. Ihre Robustheit ist herausragend und für eine Rosenpflanzung im naturnahen Garten sind sie unübertroffen. Für öffentliche Rosenpflanzungen werden sie immer beliebter, da sie resistent sind gegen Sternrußtau und der erforderliche Rückschnitt im Frühjahr mit der Motorsäge erfolgen kann. Viele der Rugosa-Hybriden werden auf der eigenen Wurzel angeboten – sie sind also nicht veredelt und treiben somit auch keine störenden Wildtriebe aus.

Moderne Zier-Strauchrosen sind fast alle öfter blühend bis in den späten Herbst hinein und zeigen eine große Farbpalette ihrer Blüten. Auch Blütenformen sind in allen Variationen erhältlich. In jedem Garten findet sich ein Plätzchen für diese wunderschönen Dauerblüher, die bis zu 2 m hoch werden und einen stattlichen Wuchs haben. Sie lassen sich auch gut in blühende Sichtschutzhecken integrieren, um neugierige Blicke abzuwenden. Im Winter bieten sie allerdings keinen ausreichenden Sichtschutz. Das sollte bei der Auswahl des Standorts innerhalb der Hecke berücksichtigt werden. Einige Strauchrosen eignen sich auch zur Begrünung kleinerer Spaliere. So z. B. 'Rosarium Uetersen', die sowohl einen buschigen Strauch bilden kann, als auch bis zu 2,5 m hoch klettert. Der Vorteil dieser vielseitigen Talente ist der buschige, bereits von unten gut belaubte Wuchs.

Die Empfehlung eines einheitlichen Pflanzabstands ist bei den Strauchrosen nicht möglich. Die unterschiedlichen Höhen und Breiten der einzelnen Sorten verlangen auch verschiedene Abstände. Rosen, die nur 1 m hoch und breit werden, können 50 bis 70 cm weit auseinander stehen, höhere Exemplare entsprechend weiter. Ist ein dichter Strauch in kurzer Zeit gewünscht, werden 3 einzelne Rosenstöcke im Abstand von 50 cm gepflanzt, die in Folge zu einem großen Strauch zusammenwachsen.

Für ein Düngen im März und ein weiteres im Juni sind Strauchrosen sehr dankbar und erfreuen den Gärtner dafür mit einer großen Blütenfülle. Pflanzenschutzmaßnahmen sind nur bei Befall durchzuführen. Ein Winterschutz ist bei den meisten Strauchrosen nur in den ersten beiden Jahren notwendig. Haben sie sich richtig eingewöhnt, sind sie auch gegenüber strengem Frost nicht mehr sehr empfindlich.

Links: 'Rosarium Uetersen' bezaubert als Strauch- und als Kletterrose durch ihre Blühfreudigkeit.

Oben: Besonderer beliebheit erfreuen sich die englischen Rosen, vornehmlich des Rosenzüchters Austin. **Von links nach rechts:** 'Golden Celebration', 'Pat Austin' und 'Wife of Bath'.

Englische Rosen

Die Rosen dieser Gruppe haben eine Besonderheit: Sie entstammen alle David Austins Hand. Er ist einer der berühmtesten Rosenzüchter unserer Zeit, der sich von Anfang an zum Ziel gesetzt hat, die züchterische Entwicklung der Strauchrosen voranzutreiben. Er entwickelte Strauchrosen mit dem Charakter alter Rosen und den praktischen Vorteilen moderner Rosen. Das bedeutet: Die klassische, flache, dicht gefüllte und gut duftende Rosenblüte wird kombiniert mit neuen Farben, wie orange, lachs und apricot, der Fähigkeit öfter zu blühen und einer guten Gesundheit.

David Austin wurde 1926 geboren und arbeitet seit den 60er Jahren in seiner Rosenbaumschule in Albrighton an der Zucht neuer englischer Rosen. Sein erster großer Erfolg war 1961 die einmal blühende kletternde Strauchrose 'Constance Spry'. Seit diesem Zeitpunkt bringt er jährlich neue Sorten auf den Markt, die sich in immer ausgefalleneren Farben mit edlen Blü-

Englische Rosen, die in unserem Klima gut wachsen und gesund bleiben

Sorte	Wuchs	Blüte	Besonderes
'Abraham Darby'	1,5 m hoch, buschig, starkwüchsig	rosa bis apricot; groß, becherförmig	ausgefallener Duft, herb
'Crocus Rose'	1,2 m hoch, leicht überhängend	apricot bis cremeweiß; groß, rosettenförmig	Duft, reich blühend
'Glamis Castle'	90 cm hoch, buschig	reinweiß; schalenförmig	Myrrheduft, dünne Triebe; reich blühend
'Golden Celebration'	1,2 m hoch, leicht überhängend, buschig	goldgelb; groß, schalenförmig, dicht gefüllt	sehr guter Duft
'Pat Austin'	1,2 m hoch, starkwüchsig, buschig	kupferorange; groß, tiefe Schalen	sinnlicher Duft
'St. Swithun'	1,2 m hoch, starkwüchsig	zartrosa; groß, gewellte Blütenblätter	kann als Kletterrose erzogen werden; reich blühend
'Sophy's Rose'	1,2 m hoch, gut verzweigt	hellrot; flach, rosettenförmig	leichter Duft
'Sweet Juliet'	1 m hoch, aufrechte Einzeltriebe	apricot; mittelgroß, rosettenförmig	guter Duft; jährlicher Rückschnitt nötig
'Wife of Bath'	1 m hoch, kompakt	rosa; dicht gefüllt, kugelförmig	guter Duft; reich blühend

tenformen und außergewöhnlich starkem Duft präsentieren.

In unseren deutschen Regionen sind englische Rosen manchmal mit Vorsicht zu genießen. Sie sind für englisches Klima gezüchtet, dessen Winter nicht so kalt und dessen Sommer nicht so heiß sind. Dieses milde Klima finden wir in Deutschland nur in Weinanbaugebieten wieder. In sehr rauen Lagen sind englische Rosen etwas problematisch sowohl von der Winterhärte her, als auch von der Widerstandsfähigkeit gegenüber Krankheiten. Einige sehr robuste Sorten halten aber auch diese erschwerten Bedingungen gut aus. Das beste Beispiel hierfür ist die Sorte 'Graham Thomas', die den ganzen Sommer über, sogar im Halbschatten, blüht und keinen einzigen Fleck auf ihrem Laub sehen lässt. Sie strotzt nur so vor Gesundheit – im Frühjahr hat man das Gefühl, sie wartet schon darauf, neue Triebe zu bilden um ihre eindrucksvollen Blüten ansetzen zu können.

Die neueren Sorten englischer Rosen erwecken manchmal den Eindruck, nicht optimal durchgezüchtet zu sein. Viele große Blüten sind einfach zu schwer für die dünnen Triebe und nicken bei leichtem Regen oder Wind. Die Auswahl sollte gut durchdacht sein und am besten mit einer fachkundigen Beratung erfolgen.

Ein kleiner Nachteil der englischen Rosen ist der hohe Preis. Dieser resultiert daraus, dass sie oft nur in Containern angeboten werden und die Lizenzgebühren für die Vermehrung sehr hoch sind.

Romantische Rosen

Unter diesem Begriff werden Rosen von deutschen und französischen Züchtern zusammengefasst, die eine romantischen Blütenform im Stile der alten oder auch ein wenig der englischen Rosen zeigen. Selbst der Name dieser Rosengruppe ist nicht einheitlich. Jede Rosenbaumschule hat ihr eigenes Synonym: Romantica-Rosen, Märchen-Rosen und Nostalgische Blütenträume – um nur einige Beispiele zu nennen. Sie sind öfter blühend, haben große, meist schalenförmige Blüten mit vielen Blütenblättern und wachsen strauchförmig. Genau genommen sind sie die Antwort unserer Züchter auf die englischen Rosen. Da sie in unseren Breiten gezüchtet werden, ist ihre Qualität sehr gut und genügt auch hohen Ansprüchen bzw. ungünstigem Klima. Jedes Jahr kommen neue Sorten in vorwiegend zarten Pastelltönen auf den Markt. Aber auch ältere, schon fast ausgestorbene Sorten werden wieder reaktiviert und dem Trend hinzugefügt. Ein klassisches Beispiel ist die Strauchrose 'Ghislaine de Féligonde', die bereits 1916 gezüchtet wurde. Jahrelang war sie fast verschwunden, um jetzt eine absolute Renaissance zu feiern. Wer diese Rose kennt, kann nicht verstehen, warum sie so wenig beachtet wurde. Eine ihrer schönsten Verwendungen ist der Trauerstamm. Hier kann sie ihre langen, dicht mit Blüten besetzten Triebe herabhängen lassen und stellt einen echten Blickfang im Garten dar. Beim Anblick dieser Rosengruppe stellt sich sofort der Gedanke an »Großmutters Rosengarten« ein. In Bauerngärten, aber auch in gemischten Beeten oder einzeln, lassen sie alte Zeiten wieder aufleben.

Da die meisten Sorten erst in den letzten Jahren entstanden sind, wurde neben den typischen Blüten sehr viel Wert auf Gesundheit und schönes Laub gelegt. Pflanzenschutzmaßnahmen sollten deshalb selten bis gar nicht nötig sein. Der Rückschnitt dieser Rosen hängt stark vom Rosentyp ab. Da in dieser Gruppe von der Beetrose über die Strauchrose bis hin zur Kletterrose alles zu finden ist, sind auch die Schnittmaßnahmen dementsprechend

Rechts: Für Romantiker und Märchenfans: 'Nostalgie' mit ihren scharfen Hell-Dunkel-Kontrasten und ihrem angenehmen Duft.

Romantische Rosen, gut für unsere Beete geeignet			
Sorte	**Wuchs**	**Blüte**	**Besonderes**
'Bremer Stadtmusikanten'	1 m hoch, aufrecht	cremerosa; dicht gefüllt	
'Concerto 94'	80 cm hoch, breitbuschig	lachsrosa; rosettenförmig	regenfest
'Flora Romantica'	1,2 m hoch, breitbuschig	cremeweiß; geviertelt	guter Duft
'Kir Royal'	2–3 m hoch, kletternd	seidenrosa; locker gefüllt	ADR 2002
'Mariatheresia'	80 cm hoch, überhängend	zartrosa; dicht gefüllte Schalen	
'Nostalgie'	80 cm hoch, buschig	cremeweiß mit kirschfarbenem Rand	robust; ausgefallene Blüte
'Papagena'	90 cm hoch, aufrecht	orange mit gelben Streifen; groß, dicht gefüllt	wunderschöne zweifarbige Sorte
'Red Eden Rose'	1 m hoch, buschig	johannisbeerrot; stark gefüllt	fruchtiger Duft; sehr robust
'Sangerhäuser Jubiläumsrose'	70 cm hoch, kompakt	apricot; stark gefüllt	guter Duft

verschieden. Auch zum Pflanzabstand kann aufgrund der unterschiedlichen Wuchsformen keine einheitliche Empfehlung ausgesprochen werden.

Bodendecker- und Kleinstrauchrosen

Diese beiden Begriffe sind für viele etwas verwirrend. Unter Bodendeckern versteht man gewöhnlich flach wachsende, sich ausbreitende Pflanzen, die den Boden gut abdecken. Nur wenige Rosen erfüllen die Kriterien, die dieser Begriff voraussetzt. Viele Vertreter dieser Gruppe wachsen bis zu 60 cm hoch und hängen locker über. Sie wachsen zwar sehr dicht und breiten sich auch gut aus, sind den Strauchrosen aber sehr ähnlich. Daher entstand der neue Namen »Kleinstrauchrosen«. Eine genaue Trennung zwischen Bodendecker- und Kleinstrauchrosen gibt es nicht, da die Grenzen zu verwischt sind, um eine genaue Zuordnung zu ermöglichen.

Die erste offizielle Bodendeckerrose war 'Paddy Mc Gredy', die 1962 gezüchtet wurde. Sie hat wunderbar edelrosenähnliche, rosarote Blüten, die an kompakten kleinen Sträuchern sitzen.

Der Grund für den Beginn dieser Zuchtrichtung war die Einsicht der Züchter, dass die Grundstücke neuer Häuser immer kleiner werden und die Gartenbesitzer immer weniger Zeit haben, ihre Pflanzenlieblinge zu pflegen. So war das Ziel naheliegend, kleine Rosenschönheiten zu erhalten, die sehr pflegeextensiv sind, den Boden abdecken,

Unten: Ihre riesigen Blüten machen ihre Kleinheit wieder wett: 'Ballerina' aus dem Jahr 1937 hat nach wie vor nicht an Attaktivität eingebüßt.

Geeignete Bodendecker/Kleinstrauchrosen für unsere Gärten

Sorte	Wuchs	Blüte	Besonderes
'Ballerina'	80 cm hoch, überhängend	hellrosa mit weißer Mitte; einfach	riesige Blütendolden
'Celina'	60 cm hoch, breitbuschig	cremegelb; halb gefüllt,	ADR 1999; gesund
'Estima'	80 cm hoch, buschig	hellrosa mit gelber Mitte; gefüllt	ADR 1998; leichter Duft
'Heidekind'	80 cm hoch, überhängend	kirschrot; gefüllt, nicht verblassend	robust und wüchsig
'Palmengarten Frankfurt'	70 cm hoch, bogig	kräftiges Rosa; gefüllt	ADR 1992
'Pink Swany'	50 cm hoch, flach ausladend	kräftig rosa; nostalgische Blüten	gesund
'Purple Meidiland'	50 cm hoch, buschig	magentarot; halb gefüllt	sehr frosthart
'Satina'	40 cm hoch, ausladen	zartrosa; groß, halb gefüllt	robust und regenfest
'Venice'	80 cm hoch, breitbuschig	weiß; einfach	ADR 2002; sehr frostfest

was das aufkeimende Unkraut unterdrückt, und den ganzen Sommer mit ihrer Blütenpracht erfreuen.

Inzwischen sind Bodendeckerrosenpflanzungen in Vorgärten sehr beliebt, da mit wenig Aufwand ein einladendes Bild für Besucher entsteht. Da viele Sorten gut im Halbschatten gedeihen, in dem Vorgärten meistens liegen, sind sie eine hervorragende Alternative zu Hortensien, Stauden und Knollenbegonien.

Sogar auf Friedhöfen halten Bodendeckerrosen mehr und mehr Einzug, denn meist stellt das tägliche Gießen der Grabbepflanzung zu hohe Anforderungen an die Angehörigen. Dieses Problem wird durch das ausgedehnte Wurzelsystem der kleinen Rosen beseitigt, das ihnen ermöglicht, mehrere Tage im Hochsommer ohne Bewässerung auszukommen. Da Rosen ausdauernde Gehölze sind, müssen sie auch nicht jährlich ausgetauscht werden. Sie erfüllen viele Jahre lang ihren Zweck.

Ein wichtiges Einsatzgebiet der Kleinstrauch-/Bodendeckerrosen ist der Trauerstamm. Sie bilden, auf einen Stamm veredelt, eine schöne Krone, die ausladend überhängt, allerdings nicht so stark, wie Kletterrosen, die für diesen Zweck auf hohen Stämmen (140 cm) veredelt werden. Die Gesamthöhe beträgt ca. 90 bis 100 cm, was sie optimal in ein Beetarrangement integrieren lässt. Großblumige Teehybriden mit ihrem straff aufrechtem Wuchs sind dagegen für Stämmchen viel zu wuchtig.

Die Blütenformen der Bodendeckerrosen sind äußert variabel: einfach, halb gefüllt oder sogar dicht gefüllt, alles ist möglich. Allerdings muss man bei ihnen auf den faszinierenden Rosenduft verzichten. Nur sehr wenige Sorten sind duftend; die Züchter

Links: 'Estima', immerhin mit ADR-Würden versehen, ist besonders krankheitsresitstent.

verlegten ihr ganzes Augenmerk auf die Robustheit und Krankheitsresistenz – die ist dafür umso ausgeprägter. So ist der Einsatz von Pflanzenschutzmitteln normalerweise nicht notwendig; auch andere Pflegemaßnahmen, wie Unkraut beseitigen, hacken und Verblühtes abschneiden, sind nur in Ausnahmefällen erforderlich. 1- bis 2-mal düngen sorgt für reichliche Blüten und gesundes Laub sowie gelegentliches Gießen, vor allem bei großer Hitze, hilft der Rose, gesund zu bleiben und schöne Triebe auszubilden.

Der Rückschnitt kann jährlich erfolgen, muss aber nicht. Abgestorbene Triebe sind zu entfernen, der Rest kann mit der Heckenschere abgenommen werden. Wird der Rosenstock für seinen Standort zu groß, ist es kein Problem ihn im Frühjahr bis auf 30 cm einzukürzen. Er treibt nach kurzer Zeit wieder willig aus.

Seit einigen Jahren werden einige Bodendeckerrosen wurzelecht angeboten. Das hat den Vorteil, dass keine Wildtriebe mehr aus der Unterlage treiben können. Die Wurzeln sind kompakter und nicht mehr so tiefgreifend. Für die Pflanzung in Gefäßen ist dies sehr günstig.

Zwergrosen

Seit 1920 gibt es diese kleinen Blühwunder, die früher vor allem im Haus an kühlen Fenstern aufgestellt wurden. Da die Isolation der Häuser immer besser wurde, wurden die Rosen von ihrem Zimmerstandort verdrängt. Selbst Stecklingsrosen, wie sie beim Floristen häufig als Zimmerpflanzen angeboten werden, sind dankbar, wenn sie bald ins Freie dürfen, um sich dort zu entfalten.

Sie werden selten größer als 30 cm und sind für Liebhaber oder Balkonbesitzer gedacht. Mit ihren verhältnismäßig großen Blüten machen sie in kleinen Beeten und Töpfen eine gute Figur. In größeren Beeten dienen sie als Unterpflanzung großer Stauden, wie z. B. eines Rittersporns. Bei einer solchen Verwendung sind Gruppen von mindestens 3 bis 5 Rosen zu pflanzen, damit ein ruhiges, harmonisches Erscheinungsbild entsteht. Auch für Steingärten werden sie gerne empfohlen, um zwischen Hauswurz und Fetthenne einen schönen Blütentuff zu bilden.

Beim Standort sind sie etwas wählerisch. Viel Sonne ist ein absolutes Muss; auch die Bodenbeschaffenheit sollte von guter Qualität sein. Stehen sie ungünstig, neigen sie zu Sternrußtau und Rosenrost: Oft haben befallene Zwergrosen bereits ab Anfang August kein Laub mehr. Aus diesem Grund ist eine regelmäßige Bewässerung von unten wichtig. Ebenso missbilligend reagieren sie auf Wurzeldruck von größeren Gehölzen, weshalb ein ausreichender Abstand zu diesen notwendig ist. Diese Empfindlichkeiten sind dafür verantwortlich, dass der Anteil an Zwergrosen stark rückläufig ist.

Oben: Schneeküsschen, ebenfalls ein Kind des Züchters Kordes, blüht reichhaltig in Büscheln. Die dicht gefüllten Blüten beherbergen kräftig gelbe Staubgefäße.

Geeignete Zwergrosen für unsere Gärten

Sorte	Wuchs	Blüte	Besonderes
'Apricot Clementine'	40 cm hoch, kompakt	apricot; schön gefüllt	langer Blütenflor
'Balduin'	20 cm hoch, locker	kräftig Rosa; gefüllt	sehr winterhart
'Clyde Meilove'	40 cm hoch, buschig	reinweiß; stark gefüllt	kleine Blütendolden, wurzelecht
'Giesebrecht'	30 cm hoch, kompakt	rot mit weißer Mitte; einfach	sehr gesund
'Medley Red'	30 cm hoch	kräftig rot; gut gefüllt	robust gegen Pilzkrankheiten
'Schneeküsschen'	30 cm hoch, buschig	weiß; dicht gefüllt	schöne Staubgefäße
'Sonia Meilove'	40 cm hoch, buschig	dunkelrosa; gut gefüllt	robust, wurzelecht

Ohne regelmäßiges Spritzen gegen Pilzkrankheiten ist die Freude an der Blütenpracht schon ab August getrübt, da das Laub keine Zierde mehr ist.

Einige Baumschulen bieten auch hier wurzelechte Ware an, die wegen ihres kleinen Wurzelballens besser in Gefäße passt. Die Gesundheit dieser wurzelechten Rosen soll wesentlich besser sein, als die der veredelten. Allerdings ist eine ausgewogene Wasserversorgung für den kleineren Wurzelballen sehr wichtig.

Der Pflanzabstand zwischen den einzelnen Rosen sollte ca. 25 cm betragen. So bildet sich ein schöner Teppich, ohne dass sie sich gegenseitig bedrängen.

Kletterrosen

Bei dieser Gruppe denkt man an das umrankte Schloss von Dornröschen: Man hat die langen, dicht mit Blüten besetzten Triebe vor Augen und kann den Duft der geöffneten Blüten förmlich riechen. Dementsprechend hoch sind die Erwartungen, die wir Gärtner an unsere Kletterrosen stellen: Üppiger Wuchs, dichte Belaubung (auch im unteren Bereich), große, gut duftende Blüten, die sich den ganzen Sommer über an ausladenden Trieben zeigen und gute Gesundheit, da das Spritzen von hohen Kletterrosen sehr aufwändig und mühsam ist. Doch oft wird der Gärtner in seinem Wunschdenken enttäuscht. Entweder entspricht das Wuchsverhalten nicht den Vorstellungen, der untere Bereich verkahlt nach wenigen Jahren, die Blüten erscheinen nur einmalig im Juni oder das Laub hat Flecken.

Um diesen Problemen und häufigen Missverständnissen vorzubeugen, sollte die Auswahl der Kletterrose für den entsprechenden Standort mit viel Sorgfalt durchgeführt werden.

Zur Entstehung

Lange Triebe mussten für die Kletterrosen nicht eigens gezüchtet werden. Viele sehr alte Wildrosen, wie *Rosa arvensis*, *Rosa wichuriana* und *Rosa multiflora*, wachsen von Haus aus mit dieser Eigenschaft. Um 1900 entstanden die ersten Kletterrosensorten ('Blush Rambler' 1903 und 'Goldfinch' 1907), die aber alle einmal blühend waren und den lockeren Wuchs der Wildrosen hatten. Als die Edelrosen mit ihren großen Blüten in Mode kamen, wollten die Züchter natürlich auch bei den Kletterrosen eine öfter blühende, großblumige Variante kreieren. Dieses Vorhaben gelang zwar und es entstanden tatsächlich die gewünschten Rosen, allerdings mit einem sehr straff aufrechten Wuchs, der dem der ursprünglichen Kletterrosen kaum noch ähnelte.

Bis heute gibt es die beiden Typen: Rambler und Climber.

1. Ramblerrosen:
Dieser Begriff stammt von dem englischen Wort »to ramble« und bedeutet »ranken, sich winden, wuchern«. Genau so kann das Wuchsverhalten dieser Rosen beschrieben werden. Sind sie erst einmal richtig eingewurzelt, ist es kaum noch möglich, sie zu bremsen. Bis zu 10 m wachsen sie in Bäumen oder an Spalierwänden hoch und breiten sich aus. Ihre dünnen, biegsamen Triebe umschlingen alles, was ihnen hilft, in die Höhe zu wachsen.

Es gibt auch niedrigere Formen, die für Rosenbögen ideal sind, weil sie sich gut biegen las-

Rambler

Climber

Ramblerrosen für unsere Gärten			
Sorte	**Wuchs**	**Blüte**	**Besonderes**
'Bonny'	3 m hoch, starkwüchsig	dunkelrosa; in großen Dolden, einmal blühend	robust
'Félicité et Perpétué'	3 m hoch, kräftiger Wuchs	milchweiß; rosettenförmig, einmal blühend	duftend; gesund
'Hermann Schmidt'	2 m hoch	dunkelrosa mit weißem Auge; öfter blühend	duftend; gesund
'New Dawn'	3 m hoch, kräftiger Wuchs	rosa; groß, gut gefüllt	duftend; sehr winterhart
'Seagull'	5 m hoch, kräftiger Wuchs	weiß; mittelgroß, leicht gefüllt, einmal blühend	
'Super Dorothy'	3 m hoch	rosa; dichtgefüllt, gute Nachblüter	sehr frostfest, robust
'Veilchenblau'	4 m hoch, starker Wuchs	violett; locker gefüllt, einmal blühend	duftend; stachellose Triebe
'Venusta Pendula'	6 m hoch, stark wachsend	rosaweiß: klein, locker gefüllt	duftend; leichte Nachblüte

sen. Die meisten Rambler-Rosen haben kleine Blüten, einfach oder nur schwach gefüllt, in dichten Dolden und kleines Laub. Ihr großer Nachteil ist die einmalige Blüte von Juni bis Juli. Nur wenige Sorten zeigen eine schwache Nachblüte, was in neueren Züchtungen vermehrt gelingt. Ihr ganzer Charakter ist stark von dem der Wildrosen geprägt. Sie sind

Linke Seite: 'Félicité et Perpétué' (ganz links), eine ältere Dame aus dem Jahr 1827 (Rosa sempervirens Hybride) begeistert den Gärtner durch ihre Blühfreudigkeit.

Unten links: Besonders betörend ist der Duft der 'New Dawn'.

Unten Mitte: Die reichhaltig blühende 'Veilchenblau', eine Rose aus dem Jahr 1909, begeistert mit ihren purpurvioletten Blüten.

Unten rechts: 'Venusta Pendula' eigenet sich hervorragend für Pergolen oder zur Begrünung von Mauern. Auch in Bäumen gibt sie ein gutes Bild ab.

Robuste Climber-Rosen

Sorte	Wuchs	Blüte	Besonderes
'Coral Dawn'	3 m hoch, stark kletternd	korallenrosa; groß, gefüllt	duftend
'Goldener Olymp'	2 m hoch, buschig	goldgelb; dicht gefüllt	sehr winterhart
'Ilse Krohn superior'	3 m hoch, stark aufrecht	weiß; groß, gut gefüllt	guter Duft, regenfest
'Rosanna'	2 m hoch, breitbuschig	lachsrosa; gut gefüllt, in Dolden	leichter Duft
'Rotfassade'	3 m hoch	rot; halb gefüllt, in Dolden	ADR 1999
'Sorbet'	2,5 m hoch, buschig	rosa mit gelb; gut gefüllt	

anspruchslos bezüglich des Standorts, gedeihen auch im Halbschatten gut und sind konkurrenzstärker gegen andere Wurzeln als die übrigen Rosen.

Ihr Laub ist in der Regel sehr gesund. Ein Rückschnitt ist nur selten bis gar nicht erforderlich, überalterte Triebe können bodennah abgeschnitten werden. Die jungen Triebe sollten gefördert werden, damit die Belaubung bis in das untere Drittel des Rosenstockss dicht ist. Einmal Düngen im März reicht aus, da kein zweiter Blütenflor ab August zu erwarten ist.

2. Climber-Rosen

Auch der Begriff »to climb« stammt aus dem Englischen und bedeutet »klettern, emporsteigen«. Wie bei den Ramblerrosen trifft die Übersetzung ziemlich genau den Charakter der Climber-Rosen. Sie wachsen straff aufrecht und bilden dicke, steife Triebe, die sich nur schlecht biegen lassen. Die Begrünung von Hauswänden mit Spalieren ist mit Climber-Rosen kein Problem. Bis zu einer Höhe von 3 m bleiben diese Kletterrosen auch ohne Spalier stehen. Durch eine massive Blütenlast kann es bei höheren Exemplaren allerdings zum Umkippen kommen, weshalb eine Befestigung am Spalier sinnvoll ist.

Der steife Wuchs wurde von den Rosenzüchtern mit der Einkreuzung der Edelrosen übernommen. Sie sind für die großen, gefüllten Blüten mit der hohen Mitte verantwortlich und natürlich auch für das öfter Blühen der Climber-Rosen.

Der Rückschnitt dieser Rosen sollte jährlich im Frühjahr durchgeführt werden. Dabei werden alte Triebe, die im unteren Bereich bereits verkahlen, ganz entfernt. Das fördert das Wachstum junger Triebe, die für die Begrünung des unteren Rosendrittels wichtig sind. Zu stark verzweigte Triebe sollten ausgelichtet werden, damit sich keine Krankheiten in diesen dichten Bereichen ansiedeln.

Da Climber-Rosen öfter blühend sind, brauchen sie auch zwei Düngungen zu den gewohnten Zeitpunkten im März und Juni.

Links: Eine elegante Rose, mit zarten Blüten ist die Climber-Rose 'Sorbet'.

Rosen in Töpfen

Gartenbesitzer haben das Glück, ihre Lieblingsrosen in ihr Reich holen zu können und schöne Beete, bzw. Gartenecken zu gestalten. Viele Rosenliebhaber haben leider nicht die Möglichkeit, den Rosen das natürliche Erdreich des Gartens zur Verfügung zu stellen. Sie sind auf Pflanzgefäße angewiesen, die sie auf Terrassen, Balkonen oder an Hauseingängen aufstellen. Auch hier machen Rosen eine gute Figur und geben ein fröhliches, einladendes Bild ab.

Der richtige Topf

Rosen können sehr tief wurzeln. Bis zu 4 m tief strecken sie ihre Faserwurzeln im Laufe der Jahre in die Erde. In Gefäßen ist eine solche Ausbreitung der Wurzeln nicht möglich. Trotzdem ist jeder Zentimeter für die Rosen wichtig. Je tiefer also ein Topf ist, umso wohler fühlt sich die Rose darin.

Der aktuelle Trend zu tiefen, schmalen Pflanzgefäßen kommt den Rosen sehr entgegen. Je üppiger sich die ausgesuchte Rose entwickeln soll, umso mehr Wurzelraum muss man ihr zur Verfügung stellen. Es ist also utopisch, eine Kletterrose in einen 40 cm tiefen Topf zu pflanzen und anschließend einen 2 m hohen Wuchs zu erwarten. Nur eine gut durchwurzelte Rose kann kräftige Triebe mit einem guten Blütenansatz bilden. Die Versorgung der oberirdischen Pflanzenteile geschieht ausschließlich über die Wurzeln, die man auch dementsprechend behandeln sollte. Der Durchmesser des Topfes ist weniger von Bedeutung, da Rosen eben keine Flachwurzler sind. Nur wer sich eine Begleitpflanzung um die Rosen wünscht, muss auf ausreichend Platz achten.

Als bestes Material hat sich unglasierte Terracotta herausgestellt, die bei sehr hohen Temperaturen gebrannt wurde. Die hohen Temperaturen im Brennofen sorgen für eine sehr gute Winterhärte des Topfes. Nur selten platzen hochwertige Terracottagefäße im Winter. Bei günstiger Massenware, die sowohl von der Materialqualität als auch von der Brenntemperatur zu wünschen übrig lassen, ist dies leider häufig der Fall.

Einer der besten Böden zur Herstellung von Terracotta kommt im Raum Florenz in Italien vor. In dem kleinen Dorf Impruneta werden in mühevoller Handarbeit erstklassige Terracottatöpfe geformt, die mit den typisch mediterranen Girlanden oder Zitrusfrüchten verziert sind. Bei Rosenliebhabern ruft der Anblick eines Impruneta-Topfes immer einen Glanz in den Augen hervor. Der einzige Nachteil dieser wunderschönen Rosentöpfe ist der hohe Preis.

Ton ist das Material, das am besten atmen und in seinen großen Poren Wasser aufnehmen kann. Dieser kleine Wasservorrat steht den Rosen in trockenen Zeiten zur Verfügung und hilft, kurzfristige Trockenperioden zu überbrücken.

Kunststofftöpfe sind dagegen weniger für die Rosenkultur geeignet. Durch die starke Erhitzung des Topfes im Sommer können Verbrennungen an den Rosenwurzeln auftreten, die der Rose massiv schaden. Die Wasserversorgung der Rose ist in Plastikgefäßen ebenfalls ein

Unten: Tontöpfe aus Impruntea gibt es in allen Größen und Formen – zur Freude so mancher Rosen und ihrer Besitzer.

Oben: 'Pink Meidiland', mit ihrem Wildrosencharakter, ist in Töpfen eine Pracht. Für Resistenz bürgt das ADR-Siegel, das diese Rose 1987 erhalten hat.

Problem. Überschüssige Feuchte wird nach dem Gießen sofort ausgeschwemmt, da Kunststoff kein Wasser speichern kann. In Trockenzeiten ist folglich auch kein Vorrat vorhanden. Es ist daher empfehlenswert, Rosen nach dem Kauf im Container zügig in ein komfortableres Gefäß umzupflanzen.

Besonders wichtig für Rosen ist das Loch am Boden des Gefäßes. Durch dieses kann überschüssiges Wasser ablaufen und Staunässe vermieden werden.

Nur die besten Rosen für den Topf

Da die Lebensbedingungen der Rosen im Topf deutlich erschwert sind, ist es empfehlenswert, nur die besten Sorten auszuwählen. Sie müssen mit großen Schwankungen in der Wasser- und Nährstoffversorgung klar kommen und auch die Temperaturdifferenz im Wurzelbereich ist im Laufe eines Tages viel höher als bei einer Pflanzung ins Beet. Die beste und robusteste Gruppe sind die Bodendecker-/Kleinstrauchrosen. Auch unter den Beetrosen sind einige gut geeignete Sorten, die mit dem Topf keine Probleme haben.

Englische, Romantische und Strauchrosen benötigen für einen buschigen Wuchs ein sehr großes Gefäß mit ausreichend Erdreich. Bei den Kletterrosen gibt es die meisten Probleme: Oft sollen sie kahle Wände mehrere Meter hoch begrünen. Dass dieses Unterfangen bei einem so kleinen Wurzelraum schwierig ist, muss dem Topfgärtner bewusst sein.

Viele Rosenbaumschulen bieten ein spezielles Sortiment an geeigneten Rosen für Töpfe und Gefäße an, auf das man guten Gewissens zurückgreifen kann. Allerdings sind die Rosen meist nicht sehr ausladend in ihrem Wuchs und zeigen meist kleinere Blüten, die in Dolden stehen.

Wurzelechte Rosen

Diese Rosen stehen auf ihrer eigenen Wurzel. Das bedeutet, sie werden nicht veredelt. Einige Baumschulen bieten ein Sorti-

Unten: Beim Eintopfen von Rosen empfiehlt sich das Tragen von Handschuhen.

Zuverlässige Rosen für Töpfe

Sorte	Wuchs	Blüte	Besonderes
'Aspirin-Rose'	70 cm hoch, breitbuschig	weiß; halb gefüllt, in kleinen Dolden	Robust
'Austriana'	60 cm hoch, breitbuschig	blutrot; gefüllt, in Dolden	
'Bonica 82'	60 cm hoch, locker	rosa; gefüllt, in dichten Dolden	ADR 1983
'Fortuna'	50 cm hoch, kompakt	lachsrosa; einfach, in großen Dolden	ADR 2002
'Maxi Vita'	70 cm hoch, locker	orangerosa; halb gefüllt	ADR 2000
'Medley Red'	40 cm hoch	dunkelrot; halb gefüllt, in Dolden	robust
'Medley Soft Pink'	40 cm hoch	rosa; halb gefüllt, in Dolden	sehr widerstandsfähig
'Neon'	60 cm hoch, sehr breit	karminrosa; halb gefüllt	ADR 1999
'Pink Meidiland'	80 cm hoch, buschig	lachsrosa; einfach, dichte Dolden	ADR 1987 Wildrosencharakter

Wurzelechte Rosensorten für Töpfe

Sorte	Wuchs	Blüte	Besonderes
'Alba Meidiland'	70 cm hoch, buschig	weiß; dicht gefüllt	für raues Klima
'Bonica 82'	60 cm hoch, buschig	rosa; gefüllt	ADR 1982
'Golden Border'	40 cm hoch, aufrecht	gelb; stark gefüllt	
'Pearl Meidiland'	60 cm hoch, flach	pastellrosa; halb gefüllt	
'Polareis'	70 cm hoch, breitbuschig	zartrosa; gut gefüllt	
'Purple Meidiland'	50 cm hoch, aufrecht	lilarot; halb gefüllt	
'Scarlett Meidiland'	50 cm hoch, flach	dunkelrot; gut gefüllt	ADR 2002

ment an sehr gesunden Rosensorten in wurzelechter Qualität an.

Der Vorteil dieser Rosen für eine Pflanzung in Töpfe ist das geringere Wurzelvolumen. Der lange Wurzelhals mit der Veredlungsstelle entfällt und die Wurzeln wachsen sehr kompakt und dicht verzweigt. Lästige Wildtriebe, die aus der Unterlage wachsen, kommen nicht vor.

Rosenexperten sind sich nicht ganz einig, ob diese wurzelechten Rosen eine längere Lebensdauer haben als veredelte. Da die Versuche noch relativ neu sind, werden erst die nächsten Jahre ein eindeutiges Ergebnis zeigen. Fest steht, dass diese Gruppe vor allem für sehr pflegeleichte Gärten und Terrassenbepflanzungen auf dem Vormarsch ist und sich für Topfbepflanzungen zunehmend durchsetzen wird.

Rosen im Balkonkasten

Wer Rosen in den Balkonkasten pflanzen möchte kann nur auf wurzelechte, stecklingsvermehrte Sorten zurückgreifen, die einen sehr kleinen Wurzelballen bilden. Selbst veredelte Zwergrosen kommen mit diesem, für sie extrem schwierigen, Standort nicht klar. Das größte Problem ist die Wasserversorgung. Da Balkonkästen meist in der prallen Sonne hängen oder stehen, trocknet die Erde im Hochsommer sehr schnell aus. Der Wechsel zwischen nasser Erde nach dem Gießen und trockener Erde ein paar Stunden später, stellt Rosen

Oben: Natürlich ist ihnen ein guter Boden, in dem sie sich nach Belieben ausbreiten können, immer noch am liebsten. Es geht aber auch anders und das gar nicht mal schlecht: Rosen in Töpfen erfreuen sich großer Beliebtheit, so dass es darauf abgestimmte Züchtungen gibt.

unter permanenten Stress – sie werden anfällig für Schädlinge und Krankheiten. Da Kästen zudem für eine üppige Blütenpracht sehr dicht bepflanzt werden, haben Rosen meist nicht den nötigen Abstand zu anderen Pflanzen.
Der Kampf um das knapp bemessene Erdreich und die mangelnde Belüftung macht Rosen zusätzlich anfällig für Pilzkrankheiten.

Ein Überwintern von Rosen im Balkonkasten ist nur in Gegenden mit ausgesprochen warmem Weinbauklima möglich, und selbst hier kann es zu Frostschäden kommen. In allen anderen Klimaregionen sind Rosen im Kasten, wie die Einjährigen, im Herbst zu entfernen.

Pflanzen, Düngen, Gießen und Pflegen

Viele Hersteller von Pflanzerden bieten spezielle Rosenerden im 20- oder 50-Liter-Sack an. Bei einer Pflanzung im Garten sind solche Spezialprodukte nicht unbedingt erforderlich. Im Topf ist dagegen eine gute Struktur des Substrates über längere Zeit hin sehr wichtig. Schließlich bleiben Rosen nicht nur ein Jahr im Topf, wie die einjährigen Balkonblumen. Die geringe Menge des Erdreiches sollte durch hervorragende Qualität ausgeglichen werden. Ausgezeichnete Produkte liefern die Firmen Euflor und Floragard mit ihren speziellen Rosenerden. Gute, strukturstabile Blumenerden von namhaften Herstellern sind ebenfalls geeignet.

Für Rosen in Töpfen sind die neuen Langzeitdünger, die speziell für Rosen entwickelt wurden, ideal. Sie geben ihre Nährstoffe ca. 6 Monate lang gleichmäßig ab, so dass die optimale Versorgung ohne großen Aufwand gewährleistet ist. Alle für Rosen wichtigen Nährstoffe und Spurenelemente sind in ausreichendem Maße enthalten.

Qualitativ hochwertige Produkte sind zum Beispiel »Celaflor Langzeit Rosen-Dünger«, »Osmocote Rosen-Dünger Perls« oder »Compo Rosen Langzeit-Dünger«.

Diese Dauerdünger werden nur einmal im März/April bei frostfreiem Erdreich ausgebracht und leicht in den Boden eingearbeitet. Bei einer späteren Nährstoffgabe hält die Düngerwirkung zu lange in den Herbst hinein an. Die Rosen treiben zu lange aus und sind so nicht ausreichend winterhart. Die Folge sind abgefrorene Triebspitzen und ein schwacher Austrieb im folgenden Frühjahr.

Das Gießen von Topfrosen ist häufiger nötig wie bei ausgepflanzten Rosen. Ein kräftiges Wässern jeden zweiten Tag ist besser als 2-mal am Tag ein paar Spritzer Wasser. Das gesamte Erdreich soll gut feucht sein, nicht nur die oberen 10 cm.

Auch für Rosen im Topf gilt: Nie von oben über das Laub gießen! Nur die Erde soll feucht sein, nicht die ganze Pflanze.

Die Pflege der Topfrosen ist etwas aufwändiger als bei ausgepflanzten Rosen im Garten. Verblühtes sollte zügig ausgeschnitten werden, damit nicht unnötig Kraft in eine eventuelle Hagebuttenbildung gesteckt wird, und Schädlinge und Krankheiten, die an den jungen Trieben sitzen, sollten schnellstmöglich entfernt werden.

Aufgrund der erschwerten Bedingungen für Rosen im Topf ist ein Spritzen oft unumgänglich. Hier erfüllen Pflanzenstärkungsmittel, die vorbeugend gegen Krankheiten wirken, einen guten Zweck. Sind Pilzkrankheiten bereits ausgebrochen, muss mit entsprechenden Mitteln alle 2 Wochen gespritzt werden. Die

Fähigkeit der Rosen, Krankheiten und Schädlinge abzuwehren, ist im Topf sehr eingeschränkt. Hier muss der Gärtner nachhelfen.

Überwinterung von Topfrosen

Der Winterschutz ist für Topfrosen eine ganz wichtige Bedingung, um im Frühsommer viele Blüten am gesunden Strauch ansetzen zu können. Ausgepflanzte Rosen haben im Winter immer ein paar Wurzeln in tieferen Bodenschichten, die nicht eingefroren sind. Die benötigen sie vor allem im Frühjahr, wenn die ersten Sonnenstrahlen die Temperaturen steigen lassen und die Rosen zum Austrieb animieren. Sie sorgen für die nötige Wasserzufuhr, um den Start ins neue Rosenjahr gelingen zu lassen.

Die Erde im Topf friert ohne ausreichenden Schutz komplett ein. Ist im Frühjahr keine ausreichende Wasserversorgung gewährleistet, treten Trockenschäden auf, die für Rosen tödlich sein können. Die Aufgabe des Gärtners ist es also für einen Winterschutz zu sorgen, der die Minustemperaturen reduziert und den plötzlichen Temperaturanstieg im Frühjahr etwas hinauszögert.

Der gesamte Topf wird an einen geschützten Standort gebracht und auf so genannte Füßchen gestellt, damit die Öffnung in der Mitte des Topfbodens frei ist. Tauendes Eis kann so bei wärmeren Temperaturen ablaufen, ohne erneut im Topf einzufrieren.

Um den Topf wickelt man am besten Noppenfolie, die mit Herbstlaub ausgefüllt wird. Dies dient der Isolierung gegen massive Minustemperaturen.

Tannenzweige, die in den Topf gesteckt werden und den Rosenstock einhüllen sollen, schattieren die Triebe im Frühjahr. So dringt die Sonne langsamer zu den Rosenästen durch und der Austrieb wird etwas verzögert. Die Rose hat einen leichteren Start ins Frühjahr.

Stehen die Töpfe an einem sehr trockenen Standort, darf das Gießen im Winter auf keinen Fall vergessen werden. Vor allem im Februar und März muss der Wurzelbereich ausreichend feucht sein. Die beste Möglichkeit ist, etwas Schnee auf dem Erdreich zu deponieren. Bei Bedarf und den entsprechenden Temperaturen kann sich die Rose so selbst nehmen, was sie braucht.

Unten: Dick mit Folie, Vlies, Bast oder Tannenzweigen eingepackt und an einem möglichst geschützten Standort aufgestellt, kann der Rose im Topf auch der Winter nicht viel anhaben.

Kleine Freunde für Topfrosen

Bunte, fröhliche Begleiter für Topfrosen machen das einladende Bild komplett.

Ist der Topf groß genug, haben Rosen kein Problem mit einer Unterpflanzung. Allerdings möchten sie nicht eingeengt werden. Am Besten eignen sich niedrige einjährige Sommerblumen, wie Männertreu, Steinkraut und Husarenkopf, die im Mai eingepflanzt und im Herbst wieder aus dem Topf genommen werden. Im Frühjahr überbrücken ein paar Primeln oder Stiefmütterchen die lange Zeit bis Mai. Niedrige Polsterstauden, wie Glockenblumen oder Gänsekresse sind ebenfalls eine Möglichkeit für eine Unterpflanzung der Rosen im Topf, allerdings sollten sie jedes zweite Jahr aus dem Topf genommen, geteilt und neu eingepflanzt werden. So entwickeln sie keinen zu großen Wurzelballen, der die Rosen zu sehr einengt. Größere, ausdauernde Pflanzen sind weniger empfehlenswert, da der Kampf um Wasser, Dünger und Wurzelraum zu stark wird. Eine hervorragende Lösung ist das Pflanzen bunter Stauden in kleinere Töpfe, die um den hohen Rosentopf aufgestellt werden, und so ein attraktives Ensemble abgeben.

6 GESUNDE ROSEN – KRANKE ROSEN

Kranke Rosen sind das Leid eines jeden Gärtners. Dieses nicht sehr erfreuliche Thema hat schon fast jeden Rosenfreund beschäftigt. Hier soll es aber nicht nur um Behandlungsmethoden verschiedener Krankheiten und Schädlinge gehen, sondern auch um vorbeugende Maßnahmen, die das Aufkommen unliebsamer Gäste verhindern oder zumindest unterdrücken sollen.

Vorbeugende Maßnahmen

Der erste und wichtigste Schritt bei der Neupflanzung von Rosen ist die Auswahl der gewünschten Rosensorten. Wer sich hier gut informiert und in Katalogen nachliest, spart sich später viel Arbeit und auch Geld. Eine wurzelnackte Rose kostet zwischen 5 bis 10 Euro – sie soll uns viele Jahre erfreuen und unseren Garten schmücken. 500 ml Pilzfrei Saprol kosten 10 Euro und machen viel Arbeit bei der Ausbringung!

Auch die Standortauswahl darf nicht unterschätzt werden. Stehen Rosen an ihrem Lieblingsplatz in der Sonne mit leichtem Wind, ist die Gefahr Krankheiten anzunehmen wesentlich geringer als im Schatten.

Die ausgewogene Versorgung ist wichtig!

Rosen sind keine Gartenpflanzen, die verwöhnt werden wollen, wie kleine Kinder. Sie haben eine große Durchsetzungskraft und sind sehr wohl in der Lage, sich selbst zu helfen. Der Rosengärtner soll nicht permanent die Erde lockern, täglich genügend Wasser ausbringen und alle 2 Wochen ein paar Düngerkörner ausstreuen. Rosen möchten nur unterstützt werden, nicht verwöhnt. Das heißt jedoch nicht, dass sie nicht beachten werden wollen: 3-mal im Jahr vorsichtig hacken, düngen im März und Juni und regelmäßig, aber nicht täglich, gießen. Bei Edel-, Beet- und Strauchrosen ist der jährliche Rückschnitt mit der Entfernung des kranken und toten Holzes im Frühjahr eine wichtige Voraussetzung für das gesunde Wachstum der Rose.

Für Rosen ist es sehr schwierig, nach üppigen Blütenansätzen bis zum Herbst hin völlig gesundes Laub zu präsentieren. Sie sind durch die vielen Blütenansätze geschwächt und krankheitsanfällig. Das im Herbst abfallende Laub, egal ob krank oder gesund, muss abgesammelt und entsorgt werden. Krankheitserreger werden so von den Rosen entfernt und ein gesunder Austrieb im Frühjahr ist leichter möglich. Entsorgen heißt in diesem Fall nicht auf den Kompost werfen. Vor allem Pilze können sich nämlich im warmen Kompost gut vermehren und gelangen mit der Ausbringung des fertig kompostierten Erdmaterials wieder zu den Rosen, um ihr Unheil weiter zu verbreiten.

Werden alle diese Regeln beachtet, sind wir Gärtner gesunden Rosen schon ein Stück näher.

Was Rosen mögen

Rosen werden am liebsten mit organischen oder organisch-mineralischen Düngern gedüngt. Werden nur Kunstdünger verwendet, werden Rosen häufiger krank. Das resultiert aus der schnellen aber sehr kurzzeitigen Verfügbarkeit der Nährstoffe.

Stärkungsmittel

In den letzten Jahren kamen verschiedene Pflanzenstärkungsmittel auf den Markt, die Rosen helfen sollen, sich besser gegen Krankheiten und Schädlinge zu behaupten. Die Wirksamkeit wird von Experten sehr unterschiedlich bewertet, schädlich ist eine Ausbringung für Rosen in keinem Fall. Solche Maßnahmen sind vielleicht mit der Einnahme von Vitamin C bei uns Menschen zu vergleichen, um Erkältungen abzuwehren. Sind die Rosen gesund, ist eine Behandlung mit Pflanzenstärkungsmitteln nicht nötig. Traten allerdings in den vorausgegangenen Jahren vermehrt Pilzkrankheiten auf, ist der Einsatz eine Überlegung wert.

Die Firma Neudorff ist bei solch biologischen Pflanzenschutzmaßnahmen oft Vorreiter und bringt gute Produkte auf den Markt, wie z. B. Neudo Vital Rosen-Pilzschutz, das die Widerstandsfähigkeit gegenüber Mehltau, Rost und Sternrußtau erhöht.

Auch die Homöopathie ist erwähnenswert, allerdings steckt sie bei der Behandlung der Pflanzen noch in den Kinderschuhen. Die Firma Bioplant Naturverfahren GmbH hat mehrere homöopathische Produkte auf den Markt gebracht, darunter auch »Biplantol rosen«, das speziell für die Rosenpflege entwickelt wurde.

Eine weitere Möglichkeit, Rosen zu unterstützen, ist die Verwendung von Bachblüten-Tropfen. Vor allem »Rescue-Tropfen«, die gegen alle schädlichen Umwelteinflüsse helfen, sind sehr gut für ein kräftiges Wachstum und gesundes Laub. 10 Tropfen werden in eine Gießkanne mit 10 l Wasser gegeben und die Rosen damit im April oder Mai gegossen. Speziell gegen Ungeziefer werden Crab-Apple-Tropfen empfohlen, die wie Rescue-Tropfen ausgebracht werden.

Da die üblichen Pflanzenschutzmittel für Rosen immer weniger verfügbar sind, ist ein Umdenken zu den beschriebenen Maßnahmen sehr zu empfehlen. Neue gesetzliche Bestimmungen haben zu einer deutlichen Reduzie-

Oben: Rosenrost **(links)** und Sternrußtau **(rechts)** sind gefährliche Blattkrankheiten, gegen die Maßnahmen ergriffen werden müssen.

rung der verfügbaren Wirkstoffe geführt. Auf Grund der fahrlässigen Handhabung der Kleingärtner mit giftigen Produkte sahen sich die Gesetzgeber gezwungen, viele Produkte für Hobbygärtner zu verbieten. Die Gesundheitsgefährdung war ohne die entsprechenden Schutzvorkehrungen, die der Hobbygärtner nur selten traf, sehr hoch. Für Insekten und nützliche Tiere waren viele Wirkstoffe tödlich, was nicht die Absicht von uns Gärtnern sein kann.

Häufig laufen neue Produkte unter altbekannten Namen, aber mit einem anderen Wirkstoff. Durch den Zusatz eines Buchstabens hinter dem alten Namen, wie z. B. »Saprol F«, wurde diese Änderung gekennzeichnet. Der erfahrene Hobbygärtner braucht sich also nicht zu wundern, dass sein neues »Saprol F« nicht mehr die Wirkung zeigt, wie das alte, ohne den Buchstaben »F«.

Krankheiten an Rosen

Echter Mehltau

Schadbild: Weißer Belag auf jungen Trieben und Blättern. Das Laub rollt sich ein, die Knospen öffnen sich nur sehr zögerlich.
Maßnahmen: Reduziert Stickstoff düngen, für gute Durchlüftung sorgen, Verblühtes abschneiden
Besonderes: Verstärktes Auftreten bei kühlen Temperaturen und hoher Luftfeuchte. Der Pilz überwintert an abgefallenen Blättern und in Knospen – daher sollten Rosenblätter nicht in den Kompost wandern.

Falscher Mehltau

Schadbild: Schimmelähnlicher Belag auf der Blattunterseite, der sich anschließend rötliche verfärbt. Das Laub vergilbt und fällt ab.
Maßnahmen: Gute Durchlüftung fördern, befallene Triebe sofort entfernen.
Besonderes: Tritt vor allem bei feuchtem Wetter und mangelnder Belüftung auf.

Grauschimmel

Schadbild: Grauer Belag auf den Knospen, später trocknen sie ein und fallen ab. Kreisrunde, rote Flecken auf den Blütenblättern.
Maßnahmen: Befallene Blüten entfernen, für gute Durchlüftung sorgen.
Besonderes: Tritt vor allem bei hoher Luftfeuchte und kühlen Temperaturen auf.

Rosenrost

Schadbild: Orangerote Sporenlager auf der Blattunterseite, später braune Pusteln. Die Blattoberseite zeigt kleine gelbe Flecken, die sich ausbreiten, und ebenfalls braun werden. Auch junge Triebe sind betroffen.
Maßnahmen: Gute Durchlüftung des Beetes gewährleisten, kranke Blätter und Triebe entfernen.
Besonderes: Im Hochsommer bei Feuchte und Kühle kommt der Pilz am häufigsten vor. Die Übertragung findet durch Wind statt. Überwinterung im Boden an abgefallenem Laub.

Sternrußtau

Schadbild: Schwarze bis dunkelbraune Flecken auf der Blattoberseite, die sternförmig begrenzt sind und oft einen gelben Hof haben. Das Blatt vergilbt zunehmend und fällt schließlich ab.
Maßnahmen: Für gute Durchlüftung im Beet sorgen, befallene Triebe entfernen, abgefallenes Laub beseitigen.

Im Handel erhältliche Spritzmittel gegen Pilzkrankheiten

Name	Wirkstoff	Anwendungsbereiche	Besonderes
Rosen- und Gemüse-Pilzfrei Rospin	Azoxystrobin	gegen alle Pilzkrankheiten	
Rosenspray Pilzfrei Rosal	Fenarimol	Echter Mehltau, Rosenrost, Sternrußtau	
Rosen-Pilzfrei Fungisan	Azoxystrobin	gegen alle Pilzkrankheiten	wirkt vorbeugend und heilend
Rosen-Pilzfrei Saprol	Azoxystrobin	gegen alle Pilzkrankheiten	
Rosenspray Saprol F	Fenarimol	Echter Mehltau, Rost, Sternrußtau	
Compo Rosen-Spray N	Fenarimol	Echter Mehltau, Rost, Sternrußtau	
Compo Ortiva Rosen-Pilzschutz	Azoxystrobin	Echter und falscher Mehltau, Rost, Sternrußtau, Blattflecken	
Neudo Vital Rosen Pilzschutz	natürliche Fettsäuren, Pflanzenextrakte	vorbeugend gegen Echten Mehltau, Rost, Sternrußtau	Pflanzenstärkungsmittel
Baymat Rosenspritzmittel	Bitertanol	Echter Mehltau, Sternrußtau, Rost	
Euparen M WG	Tolyfluarid	Echter Mehltau, Sternrußtau, Rost	
Pilzfrei Fruton	K-Alginat, pflanzliche Aminosäuren	Echter Mehltau, Setrnrußtau, Rost	Pflanzenstärkungsmittel

Besonderes: Befall tritt vor allem im Hochsommer bei kühler, nasser Witterung auf. Schwach wachsende Sorten sind stärker betroffen als starkwüchsige.

Verklebte Blüten

Schadbild: Die äußeren Blütenblätter kleben durch zu große Feuchte zusammen und werden braun. Die Blüte kann sich nicht mehr öffnen.

Maßnahmen: Entfernen der äußeren Blütenblätter, Abschneiden der Knospen

Besonderes: Verklebte Blüten entstehen durch viel Regen.

Schädlinge an Rosen

Da Rosen anscheinend die Lieblingsspeise vieler Schädlinge sind, muss der Gärtner regelmäßige Kontrollen durchführen und bei massivem Befall einschreiten. Dieses Einschreiten bedeutet nicht immer sofort die Giftspritze zur Hand zu nehmen. Häufig lassen sich Schädlinge auch auf natürliche Art bekämpfen. Das klassische Beispiel ist das Abstreifen der Läuse mit der Hand oder einem Tuch. Es werden sicher nicht alle Läuse erwischt, aber durch eine geringe Anzahl an Läusen entsteht kein großer Schaden an den Pflanzen. Auch Raupen lassen sich so gut im Zaum halten. Allerdings ist solch eine biologische Schädlingsbekämpfung sehr arbeitsintensiv. Spätestens jeden zweiten Tag müssen nämlich die Tierchen abgestreift werden. Bei einer größeren Anzahl an Rosen, die von Läusen befallen sind, braucht man dazu einiges an Zeit.

Kleine Tierchen, wie Spinnmilben, sind auf diese Weise nicht zu bekämpfen. Hier müssen bei massivem Befall Spritzmittel zum Einsatz kommen.

Vor einem Gifteinsatz sollte abgewogen werden, ob der Schaden für die Rosen so groß ist, dass ein Spritzen notwendig ist. Häufig reagieren Gärtner zu schnell mit Pflanzenschutzmitteln, ohne auf die Widerstandskraft der Rosen zu bauen. Leiden die Rosen aber unter den Schädlingen, muss die Spritze wohl gezückt werden. Da Spritzmittel gegen Schädlinge (Insektizide) für alle Insekten giftig sind, ist es wichtig den passenden Zeitpunkt für die Aktion auszusuchen. Dieser ist meistens am Abend in der Dämmerung, weil dann Bienen, Hummeln und nützliche Schwebfliegen nicht mehr fliegen. Die

Oben: Blattläusen kann man, sofern sie nicht in zu großen Mengen vorkommen, erst einmal ohne Gift zu Leibe rücken, indem man sie mit einem feuchten Tuch vorsichtig abstreift.

neuen Pflanzenschutzmittel sind jedoch in ihrem Giftgehalt reduziert worden und deshalb Nützlingsschonender. Da der Schädlingsbefall bei Rosen stark witterungsabhängig ist, löst häufig ein Wetterumschwung viele Schädlingsprobleme. Feuchte liebende Tierchen vermehren sich bei großer Hitze kaum noch, trockenheitsliebende dagegen bei Regen. Dieser natürliche Einfluss sollte nicht außer Acht gelassen werden.

Blattlaus
Schadbild: Vor allem an jungen Trieben und Knospen sitzen dichte Kolonien mit Läusen. Die Blätter kräuseln sich, Triebspitzen und Knospen verkümmern. Der Kot der Läuse bleibt an den Pflanzen als Honigtau kleben. Auf ihm bilden sich Schwärzepilze.
Maßnahmen: Kräftiges Abspritzen mit Wasser oder Seifenlauge, Abstreifen mit einem Tuch.
Besonderes: Ameisen tummeln sich gerne in der Nähe der Blattlausansammlungen, um den süßen Honigtau zu fressen.

Raupe
Schadbild: Ausgebuchtete Fraßspuren am Laub oder jungen Trieb, manchmal mit Gespinstbildung.
Maßnahmen: Absammeln der Raupen, den Boden absuchen, da sie sich gerne bei Bewegung der Rose fallen lassen.
Besonderes: Das Absammeln muss regelmäßig in kurzen Abständen durchgeführt werden, da sonst die Fraßschäden schnell überhand nehmen.

Rosenblattrollwespe
Schadbild: Die Blätter rollen sich längs der Blattachse ein. In dieses Gebilde legt die Rosenblattrollwespe ihre Eier, die sich zu 8 mm langen Larven entwickeln. Die Larven fressen das Blattgewebe, das Blatt stirbt ab.
Maßnahmen: Entdeckt man eingerollte Blätter, müssen diese sofort entfernt werden. Die Wespe kann so kein Ei platzieren und die Vermehrung wird kräftig reduziert.
Besonderes: Die Blattrollwespe selbst richtet keinen Schaden an, nur die Eier und Larven schädigen das Blatt.

Rosentriebbohrer
Schadbild: Plötzlich welkende, abknickende Triebe mit Knospen oder Blüten. Kleine Einstichlöcher an den Trieben. Hier setzen die Triebbohrer ihre Larven ein, die sich dann nach oben oder unten durchfressen. An diesem Loch entsteht regelmäßig Bohrmehl, was ein Beweis für die Aktivität der Larve im Trieb ist.
Maßnahmen: Triebe abschnei-

Unten: Immer hungrig und auf der Suche nach leckeren, saftigen Blättern ist die Spannerraupe.

Im Handel erhältliche Spritzmittel gegen Schädlinge an Rosen			
Name	**Wirkstoff**	**Anwendungsbereiche**	**Besonderes**
Rosen-Pflaster Hortex	Dimethoat	Blattläuse	das Pflaster wird um die Triebe geklebt
Neudosan Neu Blattlausfrei	Kaliseife	saugende Insekten, Spinnmilben	
Pflanzen Paral Blattlausfrei S	Rapsöl	Blattläuse, weiße Fliege, Spinnmilben, Schildläuse	
Provado 5 WG Rosenspritzmittel	Imidacloprid	Blattläuse, Zikaden, Blattwanzen	
Natur-Insektizid Pyreth	Pyrethrine, Rapsöl	saugende Insekten und Raupen	
Insekten-Spritzmittel Roxion D	Dimethoat	saugende Insekten und Raupen	
Raptol Schädlingsspray	Pyrethrine, Rapsöl	alle Schädlinge	wirkt auch gegen Larven und Eier
Schädlingsfrei Neem	Azadirachtin	Blattläuse, weiße Fliege, Thripse, Minierfliegen, Spinnmilben	

den bis ins gesunde Holz. Es darf kein Hohlraum mehr im Trieb sein
Besonderes: Es gibt aufwärts und abwärts bohrende Rosentriebbohrer.

Rosenzikade
Schadbild: Auf der Blattoberseite weiße Sprenkel vor allem in der Nähe der Blattadern. Blattunterseits sitzen die 3 mm langen Tiere und saugen das Blattgrün aus den Blättern.
Maßnahmen: Ausgewogene Nährstoffversorgung, abgeschnittene Pflanzenteile aus dem Garten entfernen
Besonderes: Pflanzenschutzmaßnahmen sind schwierig möglich, weil Rosenzikaden bei Berührung weghüpfen.

Spinnmilbe
Schadbild: Auf der Unterseite der Blätter sitzen die kleinen Tierchen und saugen das Blatt aus. Sie bilden feine Gespinste aus, in die sie ihre Eier legen. Blattoberseits sind helle kleine Flecken zu sehen, das Laub vertrocknet und fällt vorzeitig ab.
Maßnahmen: Abfallendes Laub sofort entfernen, um eine Überwinterung der Tiere zu vermeiden, für gute Durchlüftung sorgen.
Besonderes: Spinnmilben vermehren sich vor allem in warmer, trockener Witterung ohne Wind.

Thripse
Schadbild: Kleine helle Punkte auf dem Laub und den Blütenblättern. Schwarzweiß gestreifte, 0,5 mm lange Thripse sind an den Blättern zu sehen.
Maßnahmen: Abspritzen mit kräftigem Wasserstrahl, für gute Durchlüftung sorgen
Besonderes: Auftreten vor allem bei heißer Witterung, moderne Rosen sind mehr betroffen als alte und Wildrosen.

Unten: Thripse, auch Blasenfüße oder Gewitterfliegen genannt, saugen an den Blättern, so dass diese mit Luft gefüllt werden und damit abstreben.

7 ROSENPORTRÄTS

Beetrosen – Sorten

***'AMBER QUEEN'** (links)*
(Harkness, 1984)
Blüte: bernsteinfarben, leicht kugelig, groß, dicht gefüllt, etwas verblassend
Duft: leicht
Wuchs: 60 cm hoch, breitbuschig, kompakt
Belaubung: dunkelgrün, Austrieb bronzegrün, glänzend, stabil
Gesundheit: sehr robust
Besonderes: blüht willig den ganzen Sommer durch; wunderschöner Kontrast zwischen Blütenfarbe und Laub; in England Rose des Jahres 1984

'BAD BIRNBACH'
(Kordes, 1999)
ADR: 2000
Blüte: lachsrosa, mittelgroß, gut gefüllt, steht immer in Dolden, Knospen wie kleine Edelrosen
Duft: keiner
Wuchs: 50 cm hoch, breitbuschig, sehr gut verzweigt, kompakt
Belaubung: klein, mittelgrün, glänzend
Gesundheit: sehr robust
Besonderes: sehr reich blühend; winterhart; für Gefäße geeignet

'BONICA 82'
(MEILLAND, 1982)
(siehe Seite 54)
ADR: 1983
Blüte: zartrosa, gut gefüllt, im Verblühen heller, Staubgefäße bei geöffneter Blüte sichtbar, mittelgroß, 5 bis 10 Blüten pro Dolde
Duft: keiner
Wuchs: 60 cm hoch, breitbuschig, lockere Verzweigung, locker überhängend
Belaubung: rötlicher Austrieb, glänzend, dunkelgrün, kleine Blätter
Gesundheit: sehr frosthart, Halbschatten verträglich, sehr robust
Besonderes: blüht den ganzen Sommer üppig, mit lange haltbaren Blüten; ideal für großflächige Bepflanzungen; werden die letzten Blüten nicht abgeschnitten, bildet sie kleine, orangefarbene Hagebutten aus; für Gefäße geeignet

'BRAUTZAUBER'
(Noack, 1999)
ADR: 1999
Blüte: weiß, leicht gefüllt, kleine Blüten in großen Dolden, im Aufblühen gelbe Staubgefäße sichtbar
Duft: keiner
Wuchs: 70 bis 80 cm hoch, sehr starkwüchsig
Belaubung: mittelgroße glänzende, dunkelgrüne Belaubung, lange haftend
Gesundheit: hervorragend; resistent gegen Sternrußtau und Mehltau
Besonderes: extrem gute Frosthärte

'CHORUS'
(Meilland, 1975)
(siehe Seite 29)
ADR: 1977
Blüte: zinnoberrot, groß, gut gefüllt, 5 bis 7 Blüten an einer Dolde, regenfest
Duft: keiner
Wuchs: 50 bis 70 cm hoch, kräftig, aufrecht, gut verzweigt, kompakt
Belaubung: roter Austrieb, später glänzendes Dunkelgrün, große Blätter, sehr gesund
Gesundheit: unempfindlich gegenüber Mehltau, robust
Besonderes: sehr dankbare Beetrose, die vor allem in kleinen Gruppen gut zur Wirkung kommt; im Herbst etwas schwache Blüte

'GOLDINA' (CANT, 1983)
Blüte: goldgelb, edelrosenähnlich, einzeln stehend, haltbare Farbe
Duft: leicht
Wuchs: 50 bis 70 cm hoch, sehr buschig, aufrecht
Belaubung: glänzend dunkelgrün,
Gesundheit: sehr robust und dankbar
Besonderes: sehr haltbar; für Schnitt gut geeignet; gute Frosthärte; sehr reich blühend

'INSEL MAINAU'
(Kordes, 1959)
Blüte: samtig, dunkelrot, dicht gefüllt, flache, dicht gefüllte Blütenform, die ganz erblüht etwas unordentlich wirkt, kleinere Blütenbüschel
Duft: leicht
Wuchs: 40 cm hoch, buschig kompakt
Belaubung: kleine dunkelgrüne Blätter, im Austrieb rötlich, fest
Gesundheit: robust
Besonderes: sehr wetterfest; nicht verblassende Blüten; für Gefäße geeignet

'JOHANN STRAUSS'
(Meilland, 1993)
Blüte: porzellanrosa, stark gefüllt, sehr groß, den Romantikrosen ähnliche Blüten, in Dolden

'Johann Strauß'

'Laminuette'

'Marie Curie'

Duft: stark
Wuchs: 60 cm hoch, kompakt, buschig,
Belaubung: glänzend dunkelgrün, große Blätter passend zur Blüte
Gesundheit: robust; bei ungünstigem Standort können selten Rosenrost oder Mehltau auftreten
Besonderes: für romantische Beete mit Stauden ideal als Solitärpflanze

'KRONBORG' *(Poulsen, 1998)*

Blüte: dunkelrot, stark gefüllt, in Dolden
Duft: zart
Wuchs: 50 cm hoch, buschig, gleichmäßig, gut verzweigt,
Belaubung: glänzend dunkelgrün, stabil
Gesundheit: kaum Blattkrankheiten
Besonderes: Blütenfarbe sehr haltbar, auch bei starker Sonne; gehört zu den von Poulsen gezüchteten Gruppe der Schlossrosen

'LAMINUETTE' *(Lammerts,1972)*

Blüte: rahmweiß mit kirschrotem Rand
Duft: leicht
Wuchs: 60 cm hoch, kräftig aufrecht, gut verzweigt, buschig
*Belaubung:*dichte dunkelgrüne Blätter
Gesundheit: mittelmäßig
Besonderes: lange haltbare Schnittrose; schöne zweifarbige Blüte

'MARGARET MERRIL' *(Harkness, 1977)*

(siehe Seite 30)
Blüte: perlweiß, offene Mitte mit schönen gelben Staubgefäßen, große Dolden, sehr regenfest
Duft: außergewöhnlich stark, berauschend
Wuchs: 50 cm hoch, aufrecht, buschig, gut verzweigt
Belaubung: frisches Grün, groß, gesund
Gesundheit: sehr krankheitsresistent
Besonderes: porzellanähnliche Blüten, die sehr filigran aussehen

'MARIE CURIE' *(Meilland, 1997)*

Blüte: kupfergelb mit leicht rosa Rand, gewellte Blütenblätter, mittelstark gefüllt, groß
Duft: gut
Wuchs: 40 bis 60 cm hoch, buschig, kräftig
Belaubung: stark glänzendes Laub, schöner Kontrast zur Blüte
Gesundheit: relativ unempfindlich gegenüber Sternrußtau und Mehltau
Besonderes: sehr ausgefallene Blüte in Farbe und Form

'PEACEKEEPER' *(Harkness, 1995)*

Blüte: goldorange, mittelgroß, nicht verblassend, gute Füllung, meist einzeln stehend, reich blühend
Duft: leicht
Wuchs: 50 bis 70 cm hoch, buschig, schneller Nachtrieb,
Belaubung: glänzend, sehr dekorativ, großlaubig
Gesundheit: robust
Besonderes: sehr schöne Blütenfarbe; für großflächige Pflanzungen geeignet

'Play Rose'

'Rosenprofessor Sieber'

'PLAY ROSE' (Meilland, 1998)

ADR: 1998
Blüte: karminrosa, groß, in dichten Büscheln, sehr reichblütig, halb gefüllt
Duft: leicht
Wuchs: 60 bis 80 cm hoch, buschig, starkwüchsig, aufrecht
Belaubung: mittelgroße Blätter, glänzend, frisches Grün
Gesundheit: salzunempfindlich, resistent gegen Sternrußtau, unempfindlich gegen Mehltau
Besonderes: auch für ungünstige Standorte geeignet; bildet schöne Hagebutten aus

'ROSENPROFESSOR SIEBER' (Kordes, 1997)

ADR: 1996
Blüte: reinrosa, im Aufblühen aufhellend, mittelgroß, in großen Dolden
Duft: leichter Wildrosenduft
Wuchs: 60 bis 80 cm hoch, buschig, kräftig, gut verzweigt
Belaubung: dunkelgrün, mittelgroß
Gesundheit: hervorragend
Besonderes: sehr blühwillig über den ganzen Sommer; regenfest

'TUTTI FRUTTI' (Meilland, 2001)

Blüte: Knospe rosa, im Aufblühen weiß, sehr viele Blüten an einer Dolde, mittelgroß, Knospe edelrosenähnlich
Duft: intensiv nach Teerosen
Wuchs: 60 bis 80 cm, buschig aufrecht
Belaubung: mittel- bis dunkelgrün, etwas matt
Gesundheit: sehr widerstandsfähig gegen Blattkrankheiten
Besonderes: bildet schöne, kleine Hagebutten aus, die sich hervorragend für den Schnitt eignen; schön in kleinen Gruppen

'VINESSE' (Noack, 2001)

ADR: 2000
Blüte: orangerosa, edles Farbenspiel im Aufblühen, halb gefüllt, mittelgroß, reich blühend
Duft: leicht
Wuchs: 60 cm hoch, kräftig aufrecht
Belaubung: mittelgroß, frischgrün, langhaftend
Gesundheit ausgezeichnet, gute Frosthärte
Besonderes: für kleine Gruppen geeignet; beeindruckende Blütenfarbe

Edelrosen – Sorten

'AACHENER DOM' (Meilland, 1982)

ADR: 1982
Blüte: silbrig-rosa, zur Mitte hin gelblich, stark gefüllt, Knospe

'Aachener Dom'

rundlich, aufgeblühte Blüte schalenförmig, sehr regenfest
Duft: leicht
Wuchs: 70 bis 90 cm hoch, buschig, aufrecht, kräftiger Wuchs
Belaubung: großes, dunkelgrünes Laub
Gesundheit: sehr widerstandsfähig gegen Sternrußtau; nur an ungeeigneten Standorten etwas mehltauanfällig
Besonderes: gut für Schnitt; ausgezeichnete Frosthärte; auch für raue Lagen geeignet

'ALEXANDER' (Harkness, 1972)

(siehe Seite 14)
Blüte: leuchtend orange, leicht gefüllt, stehen meist einzeln, manchmal in kleinen Dolden
Duft: leicht, angenehm
Wuchs: 80 bis 100 cm, starkwüchsig
Belaubung: dunkelgrün, glänzend
Gesundheit: sehr robust
Besonderes: gut für Schnitt; für Halbschatten geeignet; besonders reich blühend

'BAD NAUHEIM' (McGredy, 1973)

Blüte: kräftiges rubinrot, sternförmig
Duft: leicht
Wuchs: 60 bis 80 cm, aufrecht und buschig
Belaubung: reichlich, dunkelgrünes Laub, rötlicher Austrieb
Gesundheit: sehr gesund
Besonderes: sehr ausdauernde Blüte bis zum Frost; der Kurstadt Bad Nauheim gewidmet; gut für Schnitt

'Christel von der Post' (Kordes, 1990)

Blüte: gelb, nicht verblassend, gut gefüllt, schöne lange Knospe
Duft: angenehm, leicht
Wuchs: 80 cm, aufrecht, starker Nachtrieb nach der ersten Blüte
Belaubung: glänzendes, kräftiges Dunkelgrün, dicht belaubt
Gesundheit: sehr robust gegen Blattkrankheiten
Besonderes: sehr gute Frosthärte, auch für raue Lagen; Blüte bis zum Frost; der Post zum 500-jährigen Jubiläum gewidmet

'DUFTWOLKE' (Tantau, 1963)

Blüte: korallenrot, strahlend, groß, edel, gut gefüllt, sehr haltbar, meist einzeln, manchmal in kleinen Büscheln
Duft: sehr intensiv, wundervoll
Wuchs: 60 cm, aufrechter, gut verzweigter Wuchs, kräftiger Nachtrieb nach der ersten Blüte
Belaubung: großes, dunkles, kräftiges Laub, üppig
Gesundheit: sehr robust
Besonderes: Blüte andauernd bis zum Herbst; eine der besten Duftrosen; gut geeignet für Vasenschnitt

'FOCUS' (Noack, 1997)

Blüte: lachsrosa, sehr edel, gefüllt, Knospe eher orange
Duft: keiner
Wuchs: 70 cm, aufrecht und sehr buschig
Belaubung: dunkles, glänzendes Laub
Gesundheit: sehr gesund, kräftiges, unempfindliches Laub
Besonderes: gute Frosthärte

'Bad Nauheim'

'Duftwolke'

'Nostalgie'

'Eglantyne'

'MARIE-LUISE MARJAN' (Kordes 1999)

Blüte: cremeweiß, Knospe leicht rosa, aufgeblüht rein weiß, sehr groß, fast immer in Dolden stehend
Duft: angenehm, etwas außergewöhnlich
Wuchs: 100 bis 120 cm, aufrecht, buschig, gut verzweigt
Belaubung: roter Austrieb, entfaltet dunkelgrün, sehr fest
Gesundheit: robust
Besonderes: ausgezeichnet mit mehreren Medaillen; sehr reich blühend; für eine Edelrose sehr buschig und starkwüchsig

'NOSTALGIE' (Tantau, 1995)

Blüte: zweifarbig innen cremeweiß, die Spitzen kirschfarbig, groß, stark gefüllt, ballförmig
Duft: angenehm
Wuchs: 60 bis 80 cm, kräftiger Wuchs, sehr buschig
Belaubung: ledriges, glänzendes Laub, sehr dunkel, roter Austrieb
Gesundheit: sehr robust
Besonderes: auch für Halbschatten geeignet; gut für Schnitt; dauerhaft blühend

Englische Rosen – Sorten

'EGLANTYNE' (Austin, 1994)

Blüte: zartrosa, dicht gefüllt, Blütenblätter leicht nach oben gewölbt, schalenförmig, in Dolden
Duft: intensiv, süß
Wuchs: bis 1 m hoch, gut verzweigt, buschig
Belaubung: mittelgrün, groß, dicht
Gesundheit: robust, sehr gesundes Laub
Besonderes: die dezente Farbe lässt sich ausgezeichnet mit blauen Stauden kombinieren

'GRACE' (Austin, 2001)

Blüte: apricot, zur Mitte hin dunkler, schalenförmig, die äußeren Blütenblätter biegen sich nach hinten um
Duft: intensiv, warm
Wuchs: bis 1,2 m hoch, gut verzweigt, locker
Belaubung: mittelgrün, groß, matt
Gesundheit: sehr robust
Besonderes: auch auf Stamm zu empfehlen

'GRAHAM THOMAS' (Austin, 1983)

(siehe Seite 30)
Blüte: goldgelb bis bernsteinfarben, groß, dicht gefüllte erste Blüte, der Nachflor zeigt etwas weniger gut gefüllte Blüten, schalenförmig, gewellte Blütenblätter, in kleinen Dolden
Duft: frisch, intensiv
Wuchs: 1,2 bis 1,5 m hoch, aufrecht, gut verzweigt, starkwüchsig
Belaubung: hellgrün, matt, mittelgroß
Gesundheit: äußerst robust
Besonderes: eine der beliebtesten englischen Rosen mit wirklich ausgezeichneten Eigenschaften und sehr ausdauernder Blüte bis hin zum Frost

'MARY ROSE' (Austin, 1983)

Blüte: kräftig rosa, locker gefüllt, leicht gewellte Blütenränder, in kleinen Dolden
Duft: leicht, nach alten Rosen

'Mary Rose'

'The Pilgrim'

Wuchs: 1,2 bis 1,4 m hoch, stark wachsend, buschig, schön verzweigt
Belaubung: mittelgrün, matt, groß aber licht
Gesundheit: sehr robust
Besonderes: eine der ersten Rosenblüten im Jahr; blüht bis zum Frost mit nur wenigen Blühpausen durch

'TESS OF THE D'URBER-VILLES' (Austin, 1998)

Blüte: karmesinrot, groß, dicht gefüllt, flach, im Aufblühen zurückgebogene Blütenblätter, in kleinen Dolden
Duft: guter Duft alter Rosen
Wuchs: bis 1,5 m hoch, kräftig, buschig, breit wachsend, überhängend
Belaubung: groß, dunkelgrün, matt
Gesundheit: absolut robust
Besonderes: ausgefallene Farbe für englische Rosen; kann als niedrige Kletterrose verwendet werden

'THE PILGRIM' (Syn. Gartenarchitekt Schulze, Austin, 1991)

Blüte: zitronengelb, in der Mitte dunkler, überaus reichlich gefüllt, sehr gleichmäßig, flach, groß, in Dolden, Blütenstiele sehr stabil
Duft: herb, stark
Wuchs: 1,2 bis 1,8 m hoch, stark wachsend, breit und leicht überhängend
Belaubung: hellgrün, dicht, spitze Blätter, matt, der Strauch ist von unten immer gut belaubt
Gesundheit: sehr gesund
Besonderes: wunderschönes Farbenspiel der Blüten in den unterschiedlichen Blühstadien; gute Schnittrose; zum Teil auch als niedrige Kletterrose verwendbar

'WILLIAM SHAKESPEARE 2000' (Austin, 2000)

Blüte: karmesinrot, später im Aufblühen purpurn, flache Schale mit geviertelter Aufteilung der Blütenblätter
Duft: intensiv nach alten Rosen
Wuchs: 1 m hoch, aufrecht
Belaubung: mittelgrün, matt, groß
Gesundheit: sehr gesund
Besonderes: ausgezeichnete Verbesserung der alten William Shakespeare – sie gilt als beste rote Englische Rose

'WINCHESTER CATHEDRAL' (Austin, 1975)

Blüte: weiß, dicht gefüllt, schalenförmig, große Anzahl an Blüten
Duft: leicht

'William Shakespeare'

'Winchester Cathedral'

Wuchs: 1,2 m hoch, breitbuschig, locker
Belaubung: dunkelgrün, matt, mittelgroß
Gesundheit: ausgezeichnet
Besonderes: außerordentlich lange Blütezeit, schöner Busch

Historische Rosen – Sorten

'ALBA MAXIMA'

Gruppe: Alba-Rosen
Blüte: cremeweiß, stark gefüllt
Duft: sehr stark
Wuchs: 1,8 m hoch, breitbuschig
Belaubung: kräftig grün, matt
Gesundheit: auch an problematischen Standorten sehr gesund
Besonderes: in alten Gärten findet man sie noch häufig; sie erreicht ein sehr hohes Alter

'BARON GIROD DE L'AIN'

(siehe Seite 69)
Gruppe: Remontant-Hybriden
Blüte: karmesinrot mit weißem schmalem Rand, sehr groß und schön gefüllt

'Cristata'

Duft: stark
Wuchs: 1 m hoch, schwachwüchsig, aufrecht, wohlgeformt
Belaubung: dunkelgrün, glänzend
Gesundheit: etwas anfällig gegen Sternrußtau
Besonderes: eine der schönsten und ausgefallensten Rosenblüten

'CHARLES DE MILLS'

(siehe Seite 70)
Gruppe: Gallica-Rosen
Blüte: karmesinrot, sehr stark und unregelmäßig gefüllt, groß, ganz flach
Duft: sehr intensiv
Wuchs: 1,5 m hoch, starkwüchsig, sehr buschig
Belaubung: mittelgrün, matt, groß
Gesundheit: sehr winterhart und gesund
Besonderes: außergewöhnliche Farbe; ideale historische Rose für Anfänger auf diesem Gebiet

'CRISTATA' (Syn. Chapeau de Napoléon, 1826)

Gruppe: Moosrosen
Blüte: silbrig-rosa, stark gefüllt mit moosartigen Kelchblättern, einmal blühend, kleine Dolden
Duft: herrlich
Wuchs: 1,5 m hoch, buschig, überhängend, kräftig wachsend, eine Stütze ist empfehlenswert
Belaubung: locker, hellgrün, mittelgroß
Gesundheit: sehr robust und winterhart
Besonderes: gut als Schnittrose; wunderschön bemooste Knospen; toleriert arme Böden

'FANTIN LATOUR' (19. Jhd.)

(siehe Seite 64)
Gruppe: Zentifolia-Rosen
Blüte: zartrosa, stark gefüllt, Blütenblätter am Rand gekräuselt, einmal blühend, meist einzelnstehend, rosettenförmig
Duft: intensiv
Wuchs: 1,5 bis 2m hoch, locker, überhängend
Belaubung: matt, hellgrün, groß
Gesundheit: sehr robust
Besonderes: sehr winterhart; toleriert arme Böden; wenig bestachelt

'JACQUES CARTIER'

Gruppe Portland-Rosen
Blüte: kräftiges Rosa, rosetten-

'Jacques Cartier'

förmig, wunderschön geformt und unordentlich gefüllt
Duft: sehr stark
Wuchs: 1,2 m hoch, aufrecht, nicht sehr breit
Belaubung: dunkelgrün. Mittelgroß, glänzend
Gesundheit: sehr robust
Besonderes: Der erste Flor ist sehr üppig, nachfolgende Blüten etwas spärlich

'MME HARDY' (1856)
Gruppe: Damascena-Rosen
Blüte: reinweiß, dicht gefüllt, groß, einzeln oder in kleinen Büscheln, flach, grünes Auge in der Mitte, einmal blühend
Duft: intensiv
Wuchs: 1,5 bis 1,8 m hoch, starkwüchsig, aufrecht
Belaubung: lindgrün, matt, groß
Gesundheit: sehr winterhart,
Besonderes: halbschattenverträglich; hervorragende alte Rose, die mit modernen Strauchrosen konkurrieren kann

'ROSA GALLICA OFFICINALIS' (Apothekerrose, vor 1310)
(siehe Seite 56)
Gruppe: Gallica-Rosen
Blüte: rosarot, halb gefüllt, groß, einmal blühend, sichtbare Staubgefäße
Duft: stark
Wuchs: 1 bis 1,5 m hoch, aufrecht, buschig
Belaubung: graugrün, ledrig, rau, matt
Gesundheit: sehr winterhart, robust und gesund
Besonderes: auf Grund ihres guten Duftes wurde sie lange Zeit für medizinische und kosmetische Zwecke verwendet; gut schattenverträglich; für Gefäße; gedeiht auch auf armen Böden

Kleinstrauchrosen/ Bodendecker – Sorten

'GÄRTNERFREUDE' (Kordes, 1999)
ADR: 2001
Blüte: helles, aber kräftiges Rot, klein, gefüllt, in großen Dolden, sehr regenfest, verblasst nicht
Duft: –
Wuchs: 50 cm hoch, buschig, kompakt, breitwüchsig
Belaubung: sehr dunkelgrün, glänzend, rötlicher Austrieb
Gesundheit: sehr robust
Besonderes: schöne, leuchtende Rose, die ihrem Namen alle Ehre macht

'HEIDETRAUM' (Noack, 1988)
ADR: 1990
Blüte: dunkelrosa, halb gefüllt, mittelgroß, in großen Dolden, gelbe Staubgefäße sichtbar
Duft: –
Wuchs: 70 bis 80 cm hoch, buschig, sehr gut flächendeckend
Belaubung: klein, dunkelgrün, glänzend
Gesundheit: sehr gut, frosthart
Besonderes: schön leuchtende Farbe, ideal als Stammrose

'ICE MEIDILAND' (Meilland, 1996)
Blüte: weiß, halb gefüllt, gelbe Staubgefäße gut sichtbar, mittelgroß, in Dolden
Duft: –
Wuchs: 40 bis 50 cm hoch, stark- und breitwüchsig
Belaubung: dicht, mittelgroß, kräftiges Grün
Gesundheit: sehr robust und sehr frosthart
Besonderes: gut und schnell bodendeckend; Blütenflor über den ganzen Sommer bis hin zum Frost

'MIRATO' (Tantau, 1990)
ADR: 1993
Blüte: pink, mittelgroß, gut gefüllt, große Büschel, nicht verblassend
Duft: –
Wuchs: 50 bis 60 cm hoch, lockerer Wuchs, überhängend, breitbuschig

'Heidetraum'

'Mirato'

'Rote Max Graf'

Belaubung: mittelgrün, rund, glänzend
Gesundheit: sehr gut, absolut frostfest
Besonderes: blüht den ganzen Sommer bis zum Frost hin; selbstreinigend; ideal für kleine Gärten

'PINK MEIDILAND' (Meilland, 1984)

(siehe Seite 84)
ADR: 1987
Blüte: rosa mit weißer Mitte, einfach, mittelgroß, gelbe Staubgefäße gut sichtbar, große Dolden
Duft: –
Wuchs: 80 bis 90 cm hoch, buschig, aufrecht, gut verzweigt
Belaubung: dunkelgrün, glänzend, mittelgroß
Gesundheit: robust
Besonderes: wildrosenähnlich; überaus reich blühend durchgehend bis zum ersten Frost

'ROTE MAX GRAF' (Kordes, 1980)

Blüte: kräftig rot, kleine weiße Mitte, gewellte Blütenblätter, mittelgroß, kleine Dolden, selbstreinigend, nur schwache Nachblüte nach dem ersten starken Blütenflor
Duft: –
Wuchs: 60 cm, äußerst lange Triebe, die am Boden aufliegen
Belaubung: rötlicher Austrieb, später mattgrün, dicht, groß
Gesundheit: sehr gesund und frosthart
Besonderes: blüht am zweijährigen Holz, die bis zu 2 m langen Triebe sind gut bodendeckend; für Hänge ideal

'SCHÖNE DORTMUNDERIN' (Noack, 1991)

ADR: 1992
Blüte: silbrig-rosa, halb gefüllt, mittelgroß, in großen Dolden
Duft: –
Wuchs: 60 bis 70 cm hoch, breit ausladend, dicht, gut verzweigt
Belaubung: mittelgroß, matt, dunkelgrün
Gesundheit: ausgezeichnet, sehr frosthart
Besonderes: dauerblühend bis zum ersten Frost

'SUNNY ROSE' (Kordes, 2001)

Blüte: hellgelb, halb gefüllt, gelbe Staubgefäße gut sichtbar, kleine rundliche Knospen
Duft: –
Wuchs: 40 cm hoch, flachwachsend, breit
Belaubung: klein, glänzend, dicht

'Schöne Dortmunderin'

Gesundheit: ausgezeichnet, widerstandsfähig gegenüber Blattkrankheiten
Besonderes: für niedrige Hecken und Beeteinfassungen, eine der wenigen gelben Bodendeckerrosen

Kletterrosen – Sorten

'ALBERIC BARBIER' (Barbier, 1900) Rambler
Blüte: cremeweiß, gefüllt, mittelgroß, in kleinen Büscheln, einmal blühend mit guter Nachblüte
Duft: intensiv
Wuchs: bis 6 m hoch, sehr wüchsig, weiche Triebe
Belaubung: glänzend, dunkelgrün, langhaftend
Gesundheit: sehr robust
Besonderes: lang anhaltender Blütenflor; für Halbschatten geeignet, wächst in alte Bäume

'AMADEUS' (Kordes, 2003)
Blüte: kräftig rot, haltbare Farbe, mittelgroß, gefüllt, in großen Dolden
Duft: leichter Wildrosenduft
Wuchs: bis 2 m hoch, buschig aufrecht, dicht
Belaubung: stark glänzend, sattes Grün, groß, dicht
Gesundheit: sehr robust
Besonderes: neue rote Kletterrosensorte, die durch ihre Leuchtkraft besticht

'AMERICAN PILLAR' (van Fleet, 1902) Rambler
Blüte: karminrosa mit heller Mitte, einfach, in sehr großen Dolden, einmal blühend
Duft: –
Wuchs: bis 5 m hoch, stark und überhängend, weiche Triebe
Belaubung: dunkelgrün, fest, glänzend
Gesundheit: gut winterhart
Besonderes: schönes Farbspiel der Blüten

'BOBBIE JAMES' (Sunningdale Nurseries, 1961) Rambler
Blüte: weiß, einfach, mit gelben Staubgefäßen, einmal blühend, in großen Büscheln
Duft: intensiv nach Wildrosen
Wuchs: bis 7 m hoch, extrem starkwüchsig, überhängend
Belaubung: kleine, spitze Blätter, dicht, dunkelgrün
Gesundheit: sehr robust
Besonderes: überreich und lange blühend; für den Bewuchs von Pergolen und alten Obstbäumen ideal

'COMPASSION' (Harkness, 1974)
ADR: 1976
Blüte: lachsrosa mit leicht orangefarbener Mitte, groß, edelrosenähnlich, stark gefüllt, in Büscheln
Duft: stark
Wuchs: bis 2,5 m hoch, sehr aufrecht mit dicken Trieben
Belaubung: dunkelgrün, groß
Gesundheit: sehr robust
Besonderes: sehr wetterfeste Blüten, außergewöhnlich frosthart, eine der wenigen duftenden Kletterrosen

'GHISLAINE DE FELIGONDE' (Turbat, 1916) Rambler
Blüte: wunderbar wandelbare Blüte, im Aufblühen apricot, spä-

'Alberic Barbier'

'American Pillar'

'Bobbie James'

'Compassion'

ter blassrosa bis weiß, klein, stark gefüllt in sehr großen Dolden
Duft: leicht
Wuchs: bis 1,5 m hoch, überhängend, weiche Triebe, starker Nachtrieb nach der ersten Blüte
Belaubung: sehr klein, matt, mittelgrün
Gesundheit: sehr gut
Besonderes: für Halbschattenstandort; auch als lockere Strauchrose und als Stämmchen geeignet; wenig Stacheln

'GRACIOSA'
(Noack, 2002)
Blüte: pastellrosa Knospe, im Aufblühen zunehmend weiß, edle, stark gefüllte, große Blüten, eher einzeln stehend
Duft: –
Wuchs: bis 3 m hoch, aufrecht, gut verzweigt, eher schmal
Belaubung: groß, mittelgrün, locker
Gesundheit: sehr gesund, unempfindlich gegenüber Blattkrankheiten
Besonderes: gute Frosthärte, langhaftendes Laub

'Ghislaine de Feligonde'

'HARLEKIN'
(Kordes, 1986)
Blüte: zweifarbig, cremeweiß mit rotem Rand, gefüllt, edelrosenähnliche Blüten, in kleinen Büscheln
Duft: kräftig nach Wildrosen
Wuchs: bis 2,5 m hoch, üppig, buschig, kräftig
Belaubung: dunkelgrüne, glänzende Blätter
Gesundheit: unempfindlich
Besonderes: auffallende Blütenfarbe, beeindruckender Duft

'KIR ROYAL'
(Meilland, 1995)
ADR: 2002
Blüte: seidenrosa, schalenförmig, gut gefüllt, leicht rote Farbtupfer, in kleinen Dolden
Duft: leicht

'Maria Lisa'

'Penny Lane'

Wuchs: 2 bis 3 m hoch, starkwüchsig, bogig überhängend, für Spaliere geeignet
Belaubung: mittelgroß, nicht sehr dunkel
Gesundheit: sehr gesund
Besonderes: schöne nostalgische Blütenform; sehr frosthart; Nachblüte etwas schwach

'MARIA LISA'
(Liebau, 1936) Rambler
Blüte: rosa mit weißer Mitte, klein, einfach, einmal blühend in großen Dolden,
Duft: –
Wuchs: bis 3 m, stark kletternd
Belaubung: klein, glänzend, dunkelgrün
Gesundheit: gut frosthart
Besonderes: gut für hohe Zäune geeignet; als lockere Strauchrose verwendbar

'MORGENSONNE 88'
(Kordes, 1988)
Blüte: lichtgelb, stark gefüllt, mittelgroß, in kleinen Dolden
Duft: –
Wuchs: 2 bis 3 m hoch, stark kletternd, kräftige Triebe, buschig
Belaubung: glänzend, dunkelgrün, groß und dicht
Gesundheit: robust
Besonderes: eine der besten gelben Kletterrosen

'NAHEGLUT'
(Poulsen, 1997)
Blüte: dunkelrot, schwarzrote, große Knospen, stark gefüllt, in großen Dolden
Duft: angenehm
Wuchs: 2 bis 3 m hoch, aufrecht, gut verzweigt
Belaubung: dunkelgrün, glänzend
Gesundheit: sehr robust
Besonderes: Kletterrose im Stil der romantischen Rosen

'PENNY LANE'
(Harkness, 2000)
Blüte: champagnerfarben, mittelgroß, öfter blühend, stark gefüllt
Duft: leicht
Wuchs: bis 3 m hoch, starkwüchsig, gleichmäßig
Belaubung: sattgrünes Laub, glänzend, dicht
Gesundheit: robust
Besonderes: gute Winterhärte; ausgefallene Farbe für eine Kletterrose; sehr reich blühend

'RAUBRITTER'
(Kordes, 1936) Rambler
Blüte: hellrosa bis lila, ballförmig, klein, gefüllt, einmal blühend
Duft: zart
Wuchs: bis 3 m hoch, überhängend, lange Triebe, kräftig
Belaubung: graugrün, ledrig
Gesundheit: an ungünstigen Standorten mehltauanfällig
Besonderes: auffällige Blütenform, für Rosenbögen, überreiche Blütenfülle

'ROSARIUM UETERSEN'
(Kordes, 1977)
(siehe Seite 74)
Blüte: pink, stark gefüllt, schalenförmig, groß, in kleinen Büscheln, im Aufblühen heller
Duft: leicht Wildrosenduft
Wuchs: 2 bis 3 m hoch, dichtbuschig, starke, dicke Triebe, langsam kletternd
Belaubung: stark glänzend, dunkelgrün, groß
Gesundheit: sehr robust
Besonderes: äußerst frostfest; für Hausgärten ideal, auch als

'Raubritter'

Strauchrose verwendbar; sehr haltbare Blüten

'SUPER EXCELSA' (Hetzel, 1986) Rambler
ADR: 1991
Blüte: karminrosa mit weißem Mittelstrich, klein, dicht gefüllt, große Dolden, öfter blühend
Duft: –
Wuchs: 2,5 bis 3 m hoch, lange, weiche Ranken
Belaubung: klein, spitz, mittelgrün, glänzend
Gesundheit: sehr widerstandsfähig
Besonderes: für Rankgerüste oder Rosenbögen, als Bodendecker und Kaskadenrose geeignet

Romantikrosen – Sorten

'ALBRECHT DÜRER ROSE' (Tantau, 2002), Edelrose
Blüte: aprikosenfarbig, Blütenränder etwas heller, sehr groß, dicht gefüllt
Duft: stark
Wuchs: 60 bis 80 cm hoch, breitbuschig
Belaubung: dunkelgrün, matt
Gesundheit: robust
Besonderes: gut für Schnitt; braucht etwas Zeit bis zur vollen Entfaltung; wunderbare Fernwirkung

'BAROCK' (Tantau, 1999), große Strauchrose (Kletterrose)
Blüte: apricot, im Aufblühen helles Gelb, sehr stark gefüllt, mittelgroß, haltbar
Duft: stark, süßlich
Wuchs: 1,5 bis 2 m hoch, breit, starkwüchsig, guter Nachtrieb nach der ersten Blüte
Belaubung: glänzend, dunkelgrün
Gesundheit: sehr robust
Besonderes: gut für Spaliere und als große Strauchrose; wetterfeste Blüten; sehr blühfreudig

'CARAMELLA' (Kordes, 2001), Strauchrose
Blüte: Knospe apricot, aufgeblüht helles bernsteingelb, stark gefüllt, gewellte Blütenblätter, reich blühend
Duft: keiner
Wuchs: bis 1,2 m hoch, starkwüchsig, aufrecht, breitbuschig
Belaubung: üppig, große Blätter, dunkelgrün, glänzend
Gesundheit: sehr robust
Besonderes: für niedrige Blütenhecken oder Einzelstand; besondere Blüte

'EDEN ROSE 85' (Meilland, 1985), Strauchrose
(siehe Seite 46)
Blüte: kugelig, zartrosa mit kräftig rosa Mitte, sehr stark gefüllt, groß
Duft: leicht, fruchtig
Wuchs: bis 1,5 m hoch, buschig, aufrecht, kräftig
Belaubung: glänzend dunkelgrün
Gesundheit: robust; an sehr ungünstigen Standorten anfällig für Sternrußtau
Besonderes: Blüte nicht sehr regenfest; eine der größten Rosenblüten

'GEBRÜDER GRIMM' (Kordes, 2002), Beetrose
Blüte: leuchtend lachsorange, Unterseite der Blütenblätter gelb, dicht gefüllt, in Dolden
Duft: keiner
Wuchs: bis 70 cm hoch, starkwüchsig, breitbuschig
Belaubung: mittelgroß, dunkelgrün, glänzend
Gesundheit: sehr gesunde Blätter, sehr robust
Besonderes: ausgefallene Farbe mit guter Fernwirkung; für Beete und Solitärstand

'HOME AND GARDEN' (Kordes, 2001), Beetrose
Blüte: reinrosa, im Verblühen verblassend, stark gefüllt mit geviertelter Blüte, groß, rundliche Knospen, in Dolden
Duft: keiner
Wuchs: bis 80 cm hoch, aufrecht buschig

'Kordes Brillant'

'Lichtkönigin Lucia'

Belaubung: mittelgroß, stark glänzend, mittelgrün, dicht
Gesundheit: robust
Besonderes: sehr blühwillig; für kleine Gruppen mit romantischem Charakter

'LIONS-ROSE'
(Kordes, 2002), Beetrose
ADR: 2002
Blüte: cremeweiß, halb gefüllt, in kleinen Dolden
Duft: angenehm
Wuchs: 60 bis 80 cm hoch, starkwüchsig, buschig aufrecht
Belaubung: mittelgroß, leicht glänzend, dicht
Gesundheit: sehr gesund
Besonderes: ein Teil des Verkauferslöses wird für wohltätige Zwecke der Lions-Organisation gespendet

'SEBASTIAN KNEIPP'
(Kordes, 1997), Edelrose
Blüte: cremeweiß, zur Mitte hin gelblich rosa, stark gefüllt, geviertelt, rundliche, grünweiße Knospen, meist in Dolden
Duft: intensiv, süßlich
Wuchs: ca. 1 m hoch, gut verzweigt, guter Austrieb nach der ersten Blüte, aufrecht
Belaubung: mittelgroß, glänzend, dunkelgrün, guter Kontrast zur Blütenfarbe
Gesundheit:
Besonderes: gute Schnittrose, der Name wurde zum 100. Todesjahr von Sebastian Kneipp vergeben

Öfter blühende Strauchrosen – Sorten

'AMMERLAND'
(Noack, 1986)
Blüte: zitronengelb, halb gefüllt, groß, voll aufgeblüht mit offener Mitte, Knospe leicht rötlich,
Duft: keiner
Wuchs: 1,5 m hoch, breitbuschig, vieltriebig, dicht
Belaubung: frischgrün, mittelgroß, rötlicher Austrieb
Gesundheit: bei ungünstiger Witterung etwas sternrußtauanfällig
Besonderes: gute Winterhärte; schöne dezente Blütenfarbe; für gemischte Rosenbeete ideal

'FREISINGER MORGENRÖTE'
(Kordes, 1988)
(siehe Seite 50)
Blüte: orangegelb, am Rand rosa verblassend, edelrosenähnlich, in Dolden, gefüllt
Duft: kräftig
Wuchs: 1,5 m hoch, starkwüchsig, breitbuschig
Belaubung: kräftig dunkelgrün, glänzend
Gesundheit: robust
Besonderes: für Hecken geeignet; sehr farbenprächtig; dauerblühend

'KORDES BRILLANT'
(Kordes, 1983)
Blüte: leuchtend orange, locker gefüllt, in Büscheln, gelbe Staubgefäße
Duft: leicht nach Wildrosen
Wuchs: 1,5 m hoch, kräftig, breitbuschig, dicht
Belaubung: großes, dichtes, sattgrünes Laub
Gesundheit: robust
Besonderes: gute, leuchtende Fernwirkung; schöner Herbstflor; reich blühend; für Hecken geeignet

'LICHTKÖNIGIN LUCIA'
(Kordes, 1966)
ADR: 1968
Blüte: zitronengelb, rote Staubgefäße, groß, gut gefüllt, einzeln und in kleinen Büscheln, sehr reich blühend

'Rokoko'

'Schneewittchen'

Duft: leicht bis kräftig
Wuchs: 1,5 m hoch, breitbuschig, kräftig, starktriebig
Belaubung: dunkelgrün, glänzend, hart
Gesundheit: robust
Besonderes: Blüte bis zum ersten Frost; gut für Hecken und als Hintergrundpflanze im Rosenbeet geeignet; sehr pflegeleicht; für Halbschatten geeignet

'MEIN SCHÖNER GARTEN' (Kordes, 1997)

Blüte: silbrig-rosa, außen dunkler, locker gefüllt, in Dolen, Staubgefäße voll erblüht gut sichtbar
Duft: leicht, fruchtig
Wuchs: 1,2 m hoch, starkwüchsig, gut verzweigt, breitbuschig
Belaubung: mittelgroß, stark glänzend
Gesundheit: sehr robust
Besonderes: sehr reich blühend; der Zeitschrift »Mein schöner Garten« gewidmet

'ROKOKO' (Tantau, 1987)

Blüte: cremegelb mit einem Hauch rosa, leicht gefüllt, gewellte Blütenblätter, gelbe Staubgefäße sichtbar, einzeln oder in kleinen Dolden stehend
Duft: leicht, angenehm nach Wildrosen
Wuchs: 1,2 bis 1,5 m hoch, breit buschig, gut verzweigt
Belaubung: leicht rötlicher Austrieb, später matt dunkelgrün, groß
Gesundheit: robust und sehr frosthart
Besonderes: sehr regenfest; außergewöhnliche Blüte; für romantische Gärten

'SCHNEEWITTCHEN' (Kordes, 1958)

ADR: 1960
Blüte: reinweiß, Knospe edelrosenähnlich, gefüllt, schalenförmig, voll erblüht sind die gelben Staubgefäße sichtbar, in großen Dolden
Duft: leicht bis intensiv
Wuchs: 1 bis 1,20 m hoch, lockerer Habitus, Blüten überhängend, starkwüchsig, aufrecht
Belaubung: hellgrün, spitze Blätter, locker belaubt, klein
Gesundheit: robust; an ungünstigen, sehr windstillen Standorten etwas mehltauanfällig
Besonderes: außerordentlich blühfreudig; sehr winterhart

'WESTERLAND' (Kordes, 1969)

ADR: 1974
Blüte: leuchtend orange, mit gelblicher Mitte, halb gefüllt, im Aufblühen Staubgefäße sichtbar, in großen Büscheln, überhängend
Duft: stark
Wuchs: 1,50 bis 1,80 m hoch, starkwüchsig, locker, breit
Belaubung: reichlich, sattgrün,

'Westerland'

mittelgroße Blätter, glänzend
Gesundheit: sehr gesund und widerstandsfähig,
Besonderes: blüht bis in den späten Herbst hinein; lange haltbare Blüten; für Halbschatten geeignet

Wildrosenporträts

'ROSA ARVENSIS' (Kriechrose)

Blüte: weiß, einfach, für Wildrosen sehr spät (Juli), goldfarbene Staubgefäße
Duft: –
Wuchs: bis 50 cm hoch, aber bis 3 m breit, flach liegende lange Triebe, die auch in die Höhe gezogen werden können
Belaubung: dunkelgrün, sehr licht, wenig Stacheln
Besonderes: kräftig rot, kleine und kugelige Hagebutten; mag lieber im Halbschatten stehen als in der Sonne

'ROSA CANINA' (Hundsrose)

(siehe Seite 53)
Blüte: einfach, klein, weiß bis hellrosa, weißgelbe Staubgefäße, blüht im Juni
Duft: leicht nach Wildrosen
Wuchs: 1,5 bis 2 m hoch, buschig, überhängende Triebe
Belaubung: klein, blaugrün, matt
Besonderes: 2 bis 3 cm elliptische Hagebutten, die kräftig rot leuchten; wichtigste Unterlage für veredelte Rosen

'ROSA FOETIDA BICOLOR' (Kapuzinerrose)

Blüte: orangerote und gelbe Blüten an einem Strauch, einfach, mittelgroß, einmal blühend im Juni, schöne gelbe Staubgefäße
Duft: –
Wuchs: 1,5 m hoch, stark wachsend, aufrecht
Belaubung: leuchtend grün, mittelgroß, schwarze Stacheln
Besonderes: etwas sternrußtauanfällig, von ihr stammt meist die gelbe Farbe bei Rosen ab

'ROSA GALLICA' (Essigrose)

(siehe Seite 57)
Blüte: zart- bis dunkelrosa, einfach, mittelgroß, leuchtende gelbe Staubgefäße, einmal blühend
Duft: leicht
Wuchs: bis 1,2 m hoch, kompakt, aufrecht, gedrungen
Belaubung: matt, mittelgrün, mittelgroß
Besonderes: dunkel-braunrote, eiförmig Hagebutten; für Halbschatten geeignet

'ROSA GLAUCA' (Hechtrose)

Blüte: hellrot, klein, in dichten Büscheln
Duft: leicht
Wuchs: bis 3 m hoch, aufrecht, starkwüchsig
Belaubung: bläulich grün, matt
Besonderes: ovale mittelgroße Hagebutten sind orange bis kräftig rot; Triebe leicht purpurfarben; für Hecken ideal, da schattenverträglich

'ROSA HUGONIS' (chinesische Goldrose)

Blüte: hellgelbe, einfache Blüten, bereits im Mai, einmal blühend
Duft: –
Wuchs: 2 m hoch, kräfig wachsend, erst aufrecht, dann bogig überhängend,
Belaubung: kleine Blätter mit sehr vielen Fiederblättchen (bis zu 13), matt, mittelgroß
Besonderes: dunkelrote bis schwarzbraune Hagebutten

'ROSA MAJALIS' (Zimtrose)

(siehe Seite 57)
Blüte: klein, einfach, hellrosa, leuchtend gelbe Staubgefäße, Ende Mai, einmal blühend
Duft: leicht
Wuchs: 1,5 m hoch, aufrecht, später überhängend
Belaubung: gräulich grün, leicht behaart, matt, klein
Besonderes: vermehrt sich selbst durch Ausläufer; halbschattenverträglich; gut geeignet für wilde Hecken; runde rote Hagebutten

'ROSA MOYESII' (Mandarin-Rose)

Blüte: karminrot, einfach, einmal blühend
Duft: –
Wuchs: bis 3 m hoch, kräftiger Wuchs,
Belaubung: dunkelgrün
Besonderes: krugförmig, leuchtend orangefarbene Hagebutten in großer Zahl; auch für Halbschatten geeignet

'ROSA MULTIFLORA'

Blüte: klein, einfach, cremeweiß, in Rispen, einmal blühend, kurze Blütezeit, aber sehr reich blühend
Duft: leicht süßlich
Wuchs: bis 3 m hoch, dünne Zweige, überhängend, Triebe beinahe stachellos
Belaubung: hellgrün, glatt, klein
Besonderes: kleine rote und runde Hagebutten; schattenverträglich

'ROSA NITIDA' (Glanzblättrige Rose)

Blüte: kräftig rosa, einfach, klein, öfter blühend
Duft: leicht
Wuchs: 60 bis 80 cm hoch, dünne Triebe mit vielen Stacheln
Belaubung: zierlich, farnartig, rote Herbstfärbung
Besonderes: scharlachrote kleine, ovale Hagebutten mit Borsten; Ausläufer bildend; für Halbschatten geeignet

'Rosa hugonis'

'ROSA OMEIENSIS PTERACANTHA' (Stacheldrahtrose)

Blüte: weiß, klein, einfach (nur 4 Blütenblätter), einmal blühend
Duft: –
Wuchs: bis 2,5 m hoch, stark aufrecht bis bogig überhängend
Belaubung: stark gefiedert, farnähnlich
Besonderes: große rote keilförmige Stacheln; für Halbschatten geeignet; kleine ovale, leuchtend orangefarbene Hagebutten

'ROSA RUBIGINOSA' (Wein- oder Apfelrose)

Blüte: rosa, einfach, einmalblühend
Duft: gut nach Apfel
Wuchs: bis 2 m hoch, sehr dicht mit vielen Stacheln,
Belaubung: glänzend, mittelgrün, die jungen Triebe duften nach Apfel
Besonderes: ideal für wilde Rosenhecken; scharlachrote Hagebutten; halbschattengeeignet

'ROSA RUGOSA' (Kartoffelrose)

(siehe Seite 58)
Blüte: rosa, groß, einfach, öfter blühend, wunderschöne gelbe, leuchtende Staubgefäße
Duft: intensiv
Wuchs: bis 1,5 m hoch, starkwüchsig, buschig, mit vielen Stacheln,
Belaubung: mittelgrün, runzelig, grob, färbt sich im Herbst orange
Besonderes: kugelige rote Hagebutten; für Halbschatten geeignet

'ROSA PIMPINELLIFOLIA' (Dünenrose)

(siehe Seite 58)
Blüte: weiß bis hellgelb, einfach, auffallende Staubgefäße, sehr frühblühend
Duft: –
Wuchs: 1 m hoch, kompakt, sehr stachelig
Belaubung: klein, farnartig
Besonderes: schwarze kugelige Hagebutten; neigt zur Ausläuferbildung; für Halbschatten geeignet

'ROSA VILLOSA' (Apfelrose)

(siehe Seite 61)
Blüte: rosa, mittelgroß, einfach, einmalblühend
Duft: gut
Wuchs: bis 2 m hoch, aufrecht, dicht
Belaubung: graugrüne Blätter, weich
Besonderes: große orangefarbene Hagebutten, die dichte Borsten haben; gut schattenverträglich

'ROSA VIRGINIANA' (Glanzrose)

Blüte: kräftig rosa bis hellrot, gelbe, leuchtende Staubgefäße, blüht später als andere Wildrosen
Duft: gut
Wuchs: bis 1,5 m hoch, kompakt, aufrecht, buschig
Belaubung: hellgrün, glänzend, leuchtende Herbstfärbung
Besonderes: orangefarbene runde, große Hagebutten

'Alberich'

Zwergrosenporträts

'ALBERICH' (de Ruiter, 1954)
Blüte: lilarot, klein, halb gefüllt, in großen Büscheln, langer Blütenflor
Duft: –
Wuchs: 20 bis 40 cm, zierlich
Belaubung: klein, spitz, glänzend, langhaftend
Gesundheit: robust
Besonderes: eine der 7 Zwergrosen, die für die Strauchrose Schneewittchen gezüchtet wurden

'AMULETT' (Tantau, 1991)
Blüte: rosa, dicht gefüllt, groß, pomponförmig, lange haltbar
Duft: –
Wuchs: bis 50 cm hoch, breit, kompakt
Belaubung: dunkelgrün, dicht
Gesundheit: robust
Besonderes: ausgefallene Blütenform, die an Dahlien erinnert; für Gefäße und Gräber geeignet

'CHARMANT' (Kordes, 1999)
Blüte: rosa mit gelbweißer Mitte, klein, gefüllt, in üppigen Dolden, kleine spitze Knospen
Duft: schwach süßlich
Wuchs: bis 40 cm hoch, buschig
Belaubung: klein, dunkelgrün, glänzend
Gesundheit: robust
Besonderes: schöne Blüte im romantischen Stil

'HONEYMILK' (Tantau, 2002)
Blüte: remeweiß mit hellgelber Mitte, dichte Dolden

'Amulett'

Duft: –
Wuchs: 40 bis 50 cm hoch, kompakt, wüchsig
Belaubung: mittelgrün, mittelgroß, dicht
Gesundheit: sind besonders gesund
Besonderes: sehr reich blühend mit Blüten im romantischen Stil

'LITTLE ARTIST' (McGredy, 1984)

Blüte: blutrot mit weißer Mitte und gelben Staubgefäßen, klein, einfach
Duft: zart
Wuchs: 20 bis 30 cm hoch, sehr kompakt, gut verzweigt
Belaubung: mittelgrün, klein, glänzend
Gesundheit: gut
Besonderes: für Gefäße, schmale Beete und Gräber geeignet

'MAIDY' (Kordes, 1984)

Blüte: rot, die Blütenblattunterseiten sind weiß, groß, gute Füllung
Duft: –
Wuchs: bis 35 cm hoch, kompakt, dicht, buschig
Belaubung: moosgrün, besonders üppig
Gesundheit: gut
Besonderes: lange haltbare Blüten über den ganzen Sommer

'SONNENKIND' (Kordes, 1986)

Blüte: kräftiges Goldgelb, gut gefüllt, mittelgroß, Blütenblätter im aufgeblühten Zustand spitz zulaufend
Duft: –
Wuchs: bis 35 cm, zierlich, kompakt
Belaubung: dunkelgrün, glänzend, mittelgroß
Gesundheit: winterhart und gesund
Besonderes: für Steingärten und Gefäße

'ZWERGKÖNIG 78' (Kordes, 1978)

Blüte: blutrot, kräftig leuchtend, locker gefüllt, haltbar
Duft: –
Wuchs: bis 50 cm hoch, kräftig, gut nachtreibend, buschig
Belaubung: dunkelgrün, dicht, glänzend
Gesundheit: robust und winterhart
Besonderes: für niedrige Hecken und Beeteinfassungen geeignet

'Little Artist'

'Sonnenkind'

'Zwergkönig'

Blütezeitkalender von Begleitstauden

Im Blütenzeitenkalender werden Pflanzen kurz beschrieben und nach ihrer Blüte eingeordnet

Name	**Größe/Farbe**
Alchemilla mollis, Frauenmantel	50 cm, gelb
Arabis caucasica, Gänsekresse	20 cm, weiß, rosa
Armeria maritima, Grasnelke	15 cm, weiß, rot
Aster amellus, Bergaster	60 cm, violett
Aster dumosus, Kissenaster	40 cm, weiß, violett, pink
Aubrieta x cultorum, Blaukissen	10 cm, blau, violett
Bouteloua gracilis, Moskitogras	25 cm, braun
Campanula carpatica, Karpatenglockenblume	15 cm, blau, weiß
Campanula cochlearifolia, Zwergglockenblume	10 cm, blau, weiß
Chrysanthemum maximum, Sommermargerite	80 cm, weiß
Coreopsis verticillata, Mädchenauge	60 cm, gelb
Delphinium x cultorum, Rittersporn	1,8 m, blau, rosa, weiß
Dicentra spectabilis, Tränendes Herz	60 cm, rosaweiß
Geranium endressii, Storchschnabel	30 cm, rosa
Gypsophylla repens, Schleierkraut	10 cm, rosa
Helleborus niger, Christrose	25 cm, weiß, purpurn
Hepatica nobilis, Leberblümchen	10 cm, violett
Iberis sempervirens, Schleifenblume	25 cm, weiß
Lavandula angustifolia, Lavendel	40 cm, violett
Miscanthus sinensis, Feinhalm-Chinaschilf	1,3 m, creme, silber
Nepeta faassenii, Katzenminze	30 cm, violett
Pennisetum alopecuroides, Lampenputzergras	80 cm, braun, beige
Phlox subbulata, Polsterphlox	15 cm, weiß, rosa
Polemonium caeruleum, Jakobsleiter	40 cm, weiß, hellblau
Primula denticulata, Kugelprimel	30 cm, rosa, weiß
Pulsatilla vulgaris, Küchenschelle	20 cm, violett, rosa
Salvia nemorosa, Ziersalbei	40 cm, blau, weiß
Veronica teucrium, Ehrenpreis	25 cm, blau
Zwiebelpflanzen	
Anemone blanda, Strahlenanemone	10 cm, weiß, violett
Fritillaria meleagris, Schachbrettblume	20 cm, rotviolett
Muscari armeniacum, Traubenhyazinthe	15 cm, blau
Narzissus, Narzissen	40 cm, gelb, orange, weiß
Scilla sibirica, Blaustern	15 cm, blau, weiß
Tulipa tarda, Wildtulpen	20 cm, weiß, gelb

JAN
FEB
MRZ
APR
MAI
JUN
JUL
AUG
SEP
OKT
NOV
DEZ

Stauden

Alchemilla mollis (Frauenmantel)

(siehe auch Seite 30)
Beschreibung: buschige Staude mit schönen, großen Blättern und feinen gelbgrünen Blütenrispen
Boden: anspruchslos
Wuchshöhe: bis 40 cm
Wuchsform: kräftig, buschig
Blütezeit: Mai bis Juli
Gute Sorten: 'Thriller', gelb; 'Alchemilla erythropoda', 10 cm hoch, gelbe Blüte
Besonderes: nach der Blüte den gesamten Busch zurückschneiden und düngen; der Neuaustrieb ist etwas kleiner, aber sehr gesund

Aster-Dumosus-Hybriden (Kissenaster)

Familie, Herkunft: Compositae, Nordamerika
Beschreibung: durch ihre späte Blütezeit und ihren kompakten, kugeligen Wuchs sind sie eine Bereicherung für jedes Beet
Boden: durchlässig, nährstoffreich, frisch
Wuchshöhe: 0,25 bis 0,4 m
Wuchsform: buschig, breitet sich aus
Blütezeit und -farbe: August bis September, rosa, blau, weiß, pink
Gute Sorten: 'Prof. Anton Kippenberg' (blau), 40 cm hoch; 'Jenny' (purpurrosa), gefüllt, 40 cm hoch; 'Lady in Blue' (blau), 25 cm hoch; 'Schneekissen' (weiß), 25 cm hoch; 'Herbstgruß vom Bresserhof' (rosa), 40 cm hoch

Campanula carpatica (Karpatenglockenblume)

Beschreibung: kompakter Bodendecker mit hübschen kleinen Blättern und einer schönen glockenförmigen Blüte
Boden: frisch, humos
Wuchshöhe: 25 cm
Wuchsform: dicht und buschig, keine Ausläufer
Blütezeit und -farbe: Juni bis Juli, weiß und blau
Gute Sorten: 'Blaue Clips' (blau); 'Weiße Clips' (weiß)

Chrysanthemum maximum (Margerite)

(siehe Seite 45)
Beschreibung: buschige, aufrechte Staude, die mit großen weißen Blüten strahlt
Boden: nährstoffreich, frisch, warm
Wuchshöhe: 80 cm
Wuchsform: aufrecht, breitet sich aus
Blütezeit und -farbe: Juli bis September, weiß
Gute Sorten: 'Beethoven'; 'Polaris'; 'Silberprinzesschen' (nur 30 cm hoch)

Coreopsis grandiflora (Mädchenauge)

Familie, Herkunft: Compositae, Nordamerika
Beschreibung: saftiggrüne, ungeteilte Blätter mit großen gelben, einzelnen Blüten auf langen Stielen; es gibt gefüllt blühende ('Sunray') und einfach blühende Sorten ('Badengold', 'Tetragold')
Boden: frisch, nährstoffreich
Wuchshöhe: 60 cm
Wuchsform: buschig, 50 bis 60 cm breit

Frauenmantel

Mädchenauge

Rittersporn

Blütezeit und -farbe: Juli bis September, goldgelb

Delphinium x Hybridum (Rittersporn)

(siehe auch Seite 31)
Familie, Herkunft: Ranunculaceae, nördliche Erdhalbkugel
Beschreibung: hochwüchsige Staude mit gefiedertem, sattgrünem Laub
Gute Sorten:'Völkerfrieden' (blau mit weißem Auge); 'Astolat' (rosa); 'Black Knight' (lila); 'Gletscherwasser' (hellblau)
Boden: durchlässig, humusreich, frisch
Wuchshöhe: hohe Rittersporne (Elatumhybriden, Belladonnahybriden und Pacifichybriden): 1,2 bis 2 m, Zwergrittersporn (D. grandiflorum) 0,3 bis 0,5 m
Wuchsform: horstig, aufrecht
Blütezeit und -farbe: Juni bis Juli (September bis Oktober), verschiedene Blau- und Violetttöne, rosa, weiß

Erigeron-Hybriden (Feinstrahlaster)

Beschreibung: hohe, buschige Pflanze, zarte margeritenähnliche Blüten
Boden: nährstoffreich, humos, frisch
Wuchshöhe: 40 bis 70 cm
Wuchsform: aufrecht, gut verzweigt
Blütezeit und -farbe: Juni bis August, blau, rosa, weiß, lila
Gute Sorten: 'Sommerneuschnee' (weiß); 'Schöne Blaue' (blau); 'Dunkelste Aller' (violett)

Helianthemum-Hybriden (Sonnenröschen)

Beschreibung: flacher Bodendecker mit immergrünem Laub und zahlreichen Blüten
Boden: durchlässig, warm
Wuchshöhe: 15 cm
Wuchsform: sehr flach am Boden wachsend
Blütezeit und -farbe: Juni bis September, viele Farben, je nach Sorte

Feinstrahlaster

Gute Sorten: 'Gelbe Perle' (gelb); 'Eisbär' (weiß); 'Pink Double' (rosa); 'Rubin' (rot)

Lavandula angustifolia (Lavendel)

(siehe auch Seite 38)
Beschreibung: horstiger Busch, der auf langen Stielen die vielen kleinen Einzelblüten präsentiert
Boden: warm, mäßig nährstoffreich
Wuchshöhe: 40 cm
Wuchsform: buschig, horstig
Blütezeit und -farbe: April bis Juli, lila, blau
Gute Sorten: 'Hidcote Blue' (lialblau); 'Munstead' (Blau); 'Alba' (weiß); 'Loddon Pink' (rosa)
Besonderes: ein Halbstrauch, der regelmäßig zurückgestutzt werden sollte, damit er nicht von unten verkahlt

Nepeta x faassenii (Katzenminze)

Familie, Herkunft: Labiatae, nördliche Erdhalbkugel
Beschreibung: duftendes, gezähntes Laub, igraugrün gefärbt - es zieht Katzen an; die kleinen

Lavendel

Katzenminze

Blüten sitzen an lockeren Rispen, die über dem Laub stehen; die Staude breitet sich aus
Boden: gut durchlässig, sandiger Lehm
Wuchshöhe: 0,2 bis 0,5 m, je nach Sorte
Wuchsform: kleinbuschig, überhängend, wächst stark in die Breite
Blütezeit und -farbe: Mai bis Juni, blau
Gute Sorten: 'Walker's Low' (lavendelblau), 50 cm hoch; ' Six Hills Giant' (lilablau), 50 cm hoch

Phlox paniculata (Phlox)

Beschreibung: hohe, aufrechte Sommerstaude, die unaufhörlich nachblüht
Boden: nährstoffreich, humos
Wuchshöhe: bis 1 m
Wuchsform: straff aufrecht, verzweigte Blütendolden
Blütezeit und -farbe: Juni bis August, viele Farben, je nach Sorte
Gute Sorten: 'Europa' (weiß mit rotem Auge); 'Rembrand' (weiß); 'Windsor' (lachsorange); 'Rosalinde' (karminrosa), 'Katherine' (blau mit weißem Auge)

Physostegia virginiana (Gelenkblume)

Familie, Herkunft: Labiatae, Nordamerika
Beschreibung: schnell wachsende Staude mit Blüten in dichten aufrechten Ähren; diese Blütenstände lassen sich am Blütenstiel bewegen ohne in ihre Ausgangsposition zurückzufallen, daher der deutsche Name
Boden: feucht, humos und nährstoffreich
Wuchshöhe: 70 bis 90 cm
Wuchsform: buschig, aufrecht, ausläuferbildend,
Blütezeit und -farbe: August bis September; 'Bouquet Rose' (violettrosa); 'Summer Snow' (weiß)

Rudbeckia sullivantii 'Goldsturm' (Sonnenhut)

Familie, Herkunft: Compositae, USA
Beschreibung: sehr beliebte Staude, die sehr anspruchslos ist und den ganzen Hochsommer in leuchtender Farbe blüht; das Laub ist dunkelgrün und leicht behaart
Boden: lehmig, frisch,
Wuchshöhe: 70 cm
Wuchsform: buschig, horstbildend, breitet sich aus
Blütezeit und -farbe: Juli bis

Phlox

Sonnenhut 'Goldsturm'

Wollziest

Ehrenpreis

September, goldgelb mit dunkler Mitte

Salvia nemorosa 'Caradonna' (Ziersalbei)

Familie, Herkunft: Labiatae, Südosteuropa und Asien
Beschreibung: Horst bildende Staude mit kurzen Blütenrispen und länglichem Laub, duftet
Weitere gute Sorten: 'Blauhügel'; 'Mainacht'; 'Ostfriesland'
Boden: nährstoffreich, gut durchlässig,
*Wuchshöhe:*50 cm
Wuchsform: aufrecht, 40 cm breit
Blütezeit und -farbe: Juni bis Juli, blauviolett

Stachys lanata (Wollziest)

Beschreibung: graulaubiger Bodendecker mit stark behaarten Blättern
Boden: durchlässig, nährstoffarm
Wuchshöhe: 15 bis 30 cm
Wuchsform: flach wachsend
Blütezeit und -farbe: Juni bis September, violett
Gute Sorten: 'Silver Carpet'

Veronica spicata (Ehrenpreis)

Beschreibung: schöner aufrechter Busch mit kleinem Laub und vielen kleinen Blüten in Rispen
Boden: etwas nährstoffreich, frisch bis trocken, durchlässig
Wuchshöhe: 25 cm
Wuchsform: aufrecht, horstig
Blütezeit und -farbe: Juni bis Juli, weiß, rosa und blau
Gute Sorten: 'Alba' (weiß); 'Nana' (blau); 'Rosenrot' (rosa)

Gräser

'Bouteloua gracilis' (Moskitogras)

Beschreibung: zartes, niedriges Gras mit sehr ausgefallenen Blüten
Standort: nährstoffreiche Böden, sonnig und warm
Wuchshöhe: 30 cm
Blüte: Ähren waagrecht abstehend, ab Juli
Besonderes: leichter Winterschutz erforderlich

'Briza media' (Herzzittergras)

Beschreibung: schöner, sattgrüner, kleiner Horst
Standort: sonnig bis Halbschattig, durchlässig
Wuchshöhe: 40 cm
Blüte: pyramidenförmiger, lockerer Blütenstand mit kleinen runden Ährchen, Mai
Besonderes: ein echter Blickfang im Rosenbeet

Calamagrostis x acutiflora 'Karl Foerster' (Reitgras)

Beschreibung: straff aufrecht, horstig
Standort: anspruchslos an den Boden, sonnig

Blaustrahlhafer

Moorhexe, Pfeifengras

Wuchshöhe: 120 cm
Blüte: breit gefächerte Rispen ab Juli
Besonderes: für Gräser sehr früher Austrieb, im Winter sehr attraktiv

'Helictotrichon sempervirens' (Blaustrahlhafer)

Beschreibung: blaue Halme, die gerade aufrecht wachsen
Standort: durchlässiger Boden, sonnig
Wuchshöhe: 50 cm
Blüte: zarte, lange Blütenrispen ab Juli
Besonderes: schöne blaue Farbe

Miscanthus sinensis 'Grcillimus' (Chinaschilf)

Beschreibung: feine Halme, die leicht überhängen, sehr edel
Standort: anspruchslos
Wuchshöhe: 100 bis 150 cm
Blüte: lockere Ähren, ab Sept.
Besonderes: leichte Herbstfärbung, gut geeignet für Schnitt

Molinia caerulea 'Moorhexe' (Pfeifengras)

Beschreibung: schlanker Wuchs, aufrechter Horst
Standort: humos, sonnig
Wuchshöhe: 30 bis 60 cm
Blüte: straff aufrechte Ähren, die weit über dem Laub stehen
Besonderes: gutes Schnittgras für Blumensträuße

Panicum virgatum 'Rotstrahlbusch' (Rutenhirse)

Beschreibung: locker überhängendes Laub, Blüten stehen aufrecht
Standort: warme, sonnige Lage mit nährstoffreichen Böden
Wuchshöhe: 100 cm
Blüte: lockere, lange Blütenrispen ab Juli
Besonderes: wunderschöne braunrote Herbstfärbung

'Stipa tenuifolia' (Reihenfedergras)

Beschreibung: dichter Horst mit überhängenden schmalen Blättern, die Blüten stehen weit über dem Laub
Standort: sonnig, warm, kalkhaltiger Boden
Wuchshöhe: 80 cm
Blüte: hellbraune Grannen mit filigranen Federn ab Juli
Besonderes: frühzeitig geschnittene Halme eignen sich besonders gut auch für Blumensträuße

Gehölze

Buxus sempervirens 'Blauer Heinz' (Buchs 'Blauer Heinz')

Beschreibung: niedrig wachsender Buchs mit bläulichem Laub
Standort: sonnig bis halbschattig, nicht zu trocken
Wuchshöhe: 30 cm

Bartblume

Elfenbeinginster

Blüte: unaufällig
Besonderes: hübsche niedrige Buchssorte, die als Einfassung oder einzeln zwischen die Rosen gepflanzt wird

Caryopteris x clandonensis 'Heavenly Blue' (Bartblume)

Beschreibung: buschiger, gut verzweigter Kleinstrauch mit graugrünem Laub
Standort: sonnig, humose, durchlässige Böden
Wuchshöhe: 1 m
Blüte: viele blaue, kleine Blüten in Rispen, von August bis September
Besonderes: in kalten Gebieten Winterschutz nötig

Cytisus x kewensis (Niedriger Elfenbeinginster)

Beschreibung: flach wachsender Strauch, locker überhängend mit kleinen langen behaarten Blättern
Standort: sonnig, durchlässige, trockene Böden
Wuchshöhe: 0,3 bis 0,5 m
Blüte: cremegelb, am zweijährigen Holz, Mai
Besonderes: ideal für Hänge und Mauern

Eibisch

Hibiscus syriacus (Eibisch)

Beschreibung: straff aufrechter Strauch
Standort: sonnig, humoser, durchlässiger, warmer Boden

Herbstflieder

Wuchshöhe: 1,5 bis 2 m
Blütezeit und -farbe: große Einzelblüten in rosa, lila, weiß und pink, Juli bis September
Besonderes: Blüte im Hochsommer, schmaler Wuchs, für kleine Gärten

Perovskia abrotanoides (Silberstrauch)

Beschreibung: locker aufrecht wachsender Halbstrauch mit graugrünen feinen Blättern
Standort: sonnig, durchlässiger Boden
Wuchshöhe: 0,5 bis 1 m
Blütezeit und -farbe: lilafarbene Blüten an langen Scheinähren, August
Besonderes: nur bedingt winterhart

Spiraea x arguta (Brautspiere)

Beschreibung: breitbuschiger Strauch mit zierlichem und filigranem Laub
Standort: anspruchslos
Wuchshöhe: 2 m
Blütezeit und -farbe: weiß in Doldentrauben am vorjährigen Holz, April
Besonderes: schöne Herbstfärbung, auch im Winter guter Sichtschutz durch die dichten Äste

Spiraea japonica ' Albiflora' (Weiße Japanspiere)

Beschreibung: kleiner buschiger Strauch mit zierlichem Laub
Standort: sonnig, sehr anspruchslos
Wuchshöhe: 0,5 m
Blütezeit und -farbe: weiß in Doldentrauben, Mai und Oktober
Besonderes: sehr robuste Pflanze für pflegeleichte Beete

Syringa microphylla 'Superba' (Herbstflieder)

Beschreibung: aufrechter Kleinstrauch mit überhängenden Trieben
Standort: sonnig, durchlässiger Boden
Wuchshöhe: 1 bis 1,5 m
Blütezeit und -farbe: rosarot, in Rispen, Mai und September
Besonderes: wunderschöner Herbstblüher

Glossar

Das Wichtigste aus der Rosenfachsprache auf einen Blick

Abdeckung
Schutzmaßnahme gegen allzu großen Winterfrost. Die Rose wird mit Tannenzweigen oder Reisig abgedeckt, um starke Temperaturschwankungen auszugleichen (siehe auch Seite 24).

Absenker
Eine Vermehrungsmöglichkeit, die allerdings eher nur für weichtriebige und wachstumsfreudige Rosen geeignet ist (siehe Seite 55). Ein einjähriger Trieb wird flach auf den Boden gelegt, mit Draht befestigt und mit etwas Erde bedeckt, so dass er von selbst Wurzeln bilden kann. Bereits nach ca. einem halben Jahr kann die so entstandene neue kleine Rose vom Mutterstock abgestochen und an einem neuen Standort angepflanzt werden.

Anhäufeln
Vor dem Wintereinbruch ist es in unseren Breiten ratsam den Rosenstock ca. 15 cm mit Erde am Wurzelstock abzudecken. Wurzeln und die unteren Trieb werden dadurch vor zu großem Frost geschützt. Im Frühjahr wird die Erde vorsichtig entfernt (siehe Seite 24f.).

Auge
Unter einem Auge versteht man bei einer Rose die kleinen Punkte, die an den Trieben in den Blattachseln liegen. Im Frühjahr treiben aus ihnen die neuen Blättchen heraus (siehe Seite 52). Bei einem Rückschnitt wird ca. 5 mm über dem Auge gerade abgeschnitten (siehe Seite 15).

Aussaat
Eine weitere Vermehrungsmethode, die aber in der Zucht eher darauf spezialisierten Grätnern vorbehalten ist, da sie recht kompliziert ist und immer ein zusätzliches Veredeln beinhaltet (siehe Seite 51).

Einpacken
Die Rose wird meist komplett mit einem luftdurchlässigen Material wie Bast, Jute oder Vlies eingepackt, um vor Winterfrösten zu schützen (siehe Seite 25).

Okulation
Die am häufigsten angewandte Vermehrungsform, die auch bei nahezu allen Rosen praktiziert wird. Eigentlich bedeutet Okulation eine Veredelung von Rosen. Dazu wird eine Rosenunterlage (z. B. eine Wildrose) benötigt, in die ein Auge eines Rosentriebs der gewünschten Sorte eingefügt wird (siehe Seite 51f.).

Remontieren
Darunter versteht man das mehrmalige Blühen einer Rose im Jahr. Dank des Einkreuzens der asiatischen Rosen setzen die neuen Züchtungen nach der Hauptblüte oftmals noch eine zweite, wenn auch schwächere Blüte an.

Stecklinge
Ein Rosentrieb wird von der Mutterrose auf eine Länge von ca. 10 cm mit insgesamt 3 Augen abgeschnitten und – ohne Blüte, dafür mit Belaubung – in einen mit Erde und Sand gefüllten Topf 3 cm tief hineingesteckt. Nach deiner geringen Wassergabe stülpt man eine durchsichtige Plastiktüte oder -folie darüber und hat nach ca. 10 Wochen ein kleines Rosenpflänzchen in einem Minigewächshaus (siehe Seite 54).

Unterlage
Die Wurzeln einer veredelten Rose werden als Unterlage bezeichnet. Zumeist sind es Wildrosen, auf die die Edelaugen okuliert werden.

Veredelungsstelle
Das ist die Verdickung zwischen den Wurzeln und den Trieben. Sie sollte ca. 5 cm unter der Erdoberfläche liegeb. Triebe, die direkt aus dem Wurzelstock heraustreiben, nennt man Wildtriebe und sollten entfernt werden (siehe Seite 16).

Register

Adressenlisten

Rosenbaumschulen

W. Kordes' Söhne
Rosenstr. 54
25365 Klein Offenseth-Sparrieshoop
E-Mail: Kordes-Rosen@t-online. de
www.kordes-rosen.com
www.gartenrosen.de

Noack Rosen
Im Waterkamp 12
33334 Gütersloh
Noack-Rosen@t-online.de

Bioland-Rosenschule Ruf
Zum Sauerbrunnen 35
61231 Bad Nauheim-Steinfurth
www.rosenschule-ruf.de
info@rosenschule-ruf.de

Walter Schultheis, Rosenhof
61231 Bad Nauheim-Steinfurth
www.rosenhof-schultheis.de
Bestellen@Rosenhof-Schultheis.de

BKN Strobel
Pinneberger Strasse 238
25488 Holm-Kreis Pinneberg
www.bkn.de, info@bkn.de

Rosen Tantau
Tornescher Weg 13
25436 Uetersen
www.rosen-tantau.com
tantau@rosen-tantau.com

Rosen Union
Steinfurther Hauptstr. 27
61231 Bad Nauheim-Steinfurth
www.rosen-union.de
info@rosen-union.de

Ausländische Rosenzücher

David Austin Roses Limited
Bowling Green Lane
Albrighton
GB-Wolverhampton WV7 3HB
www.davidaustinroses.com
deutsch@davidaustinroses.com

Georges Delbard
Créateur de nature
BP86
03600 Commentry
Frankreich
www.delbard.com

Lacon Rosen
J.-S.-Piazolz-Str. 4 a
68766 Hockenheim
www.lacon-rosen.de
info@lacon-rosen.de

Weitere hilfreiche Adressen

aid
Auswertungs- und Informationsdienst für Ernährung, Landwirtschaft und Forsten e. V.
Konstantinstr. 124
53179 Bonn
www.aid-online.de
aid@aid-online.de

aid stellt Informationshefte über viele Gartenthemen her, die für Hobbygärtner sehr lehrreich sind. Einmal jährlich erscheint ein Medienkatalog, der das gesamte Angebot beinhaltet.

Verein Deutscher Rosenfreunde e. V. (VDR)
Waldseestr. 14
76530 Baden-Baden

Der VDR bietet Interessante Vorträge und Gartenreisen durch die Freundeskreise vor Ort. Vier mal im Jahr erscheint der Rosenbogen, eine Zeitschrift mit Neuigkeiten rund um die Rose und einmal im Jahr erscheint das Rosenjahrbuch mit sehr informativen Artikeln namhafter Rosenexperten.

Untersuchungsanstalten für Bodenproben

Baden-Württemberg:
Staatliche landwirtschaftliche Untersuchungs- und Forschungsanstalt Augustenberg
Neßlerstr. 23
76227 Karlsruhe

Bayern:
Bayerische Hauptversuchsanstalt für Landwirtschaft
85350 Freising – Weihenstephan

Berlin:
Pflanzenschutzamt Berlin
Mohringer Allee 137
12347 Berlin

Brandenburg:
Landwirtschaftliche Untersuchungs- und Forschungsanstalt
Templiner Str. 21
14473 Potsdam

Hamburg:
Institut für angewandte Botanik
Abt. Kultur u. Versuchstechnik
Merseiller Str. 7
20355 Hamburg

Hessen:
Forschungsanstalt Geisenheim
Von-Lade-Str. 1
65366 Geisenheim

Mecklenburg-Vorpommern:
Landwirtschaftliche Untersuchungs- und Forschungsanstalt
Graf-Lippe-Str. 1
18059 Rostock

Niedersachsen:
Landwirtschaftliche Untersuchungs- und Forschungsanstalt
Jägerstr. 23–27
26121 Oldenburg

Nordrhein-Westfalen:
Landwirtschaftliche Untersuchungs- und Forschungsanstalt
Siebengebirgsstr. 200
53229 Bonn

Rheinland-Pfalz:
Landwirtschaftlilche Untersuchungs- und Forschungsanstalt
Obere Langgasse 40
67346 Speyer

Sachsen:
Sächsische Landesanstalt für Landwirtschaft
Institut für Landwirtschaftliche Untersuchungen
Gustav-Kühn-Str. 8
04159 Leipzig

Sachsen-Anhalt:
Landwirtschaftliche Untersuchungs- und Forschungsanstalt
Schiepziger Str. 29
06120 Halle

Schleswig-Holstein:
Landwirtschaftliche Untersuchungs- und Forschungsanstalt
Gutenbergstr. 75–77
24116 Kiel

Thüringen:
Abteilung Untersuchungswesen für Landwirtschaft, Ernährung und Umwelt/LUFA der TLL
Naumburger Str. 98
07743 Jena

Bildnachweis

Fotos: K. Adams S. 2–3, S. 60, S. 63 r. o., S. 65, S. 66 l. u., S. 68 l., S. 76, S. 77, S. 78, S. 82;
Frank von Berger S. 116, S. 117, S. 118 u., S. 119;
Thomas Drexel S. 61 u., S. 63 u., S. 64 r., S. 68 r., S. 69 , S. 80, S. 81, S. 84 u., S. 101 r., S. 106 l., S. 107, S. 109 u., S. 111, S. 121 u.;
Frank Hecker S. 92 u., S. 121 r. o., S. 122;
Claudia Kemptner S. 29, S. 30, S. 31, S. 39, S. 61 o., S. 70, S. 83, S. 84 o., S. 97 l., S. 100 r., S. 102, S. 103 u., S. 108, S. 109 r., S. 112;
Claudia Kemptner/Manuela Beck S. 24, S. 27, S. 40, S. 43, S. 46, S. 50, S. 63 l.o., S. 75;
W. Kordes Söhne S. 72 r., S. 79;
Christine Meile S. 56, S. 57, S. 58 l. u., S. 59, S. 99 r., S. 100 u., S. 104, S. 105 l., S. 105 u.;
Wolfgang Redeleit S. 6, S. 7, S. 9, S. 11, S. 16, S. 20, S. 21, S. 25, S. 26, S. 33, S. 36, S. 37, S. 42, S. 45, S. 52, S. 53, S. 58 r. u., S. 62, S. 64 l., S. 72 l., S. 86, S. 95, S. 109 l., S. 118 o.;
Reinhard Tierfoto S. 121 l. o.;
Manfred Ruckszio S. 4, S. 14, S. 28, S. 38, S. 47, S. 49, S. 54, S. 66 r. u., S. 67, S. 74, S. 88, S. 90, S. 94, S. 96 l., S. 97 u., S. 98, S. 99 l., S. 100 l., S. 101 l., S. 101 u., S. 106 r., S. 113, S. 120;
Dr. F. Sauer/Frank Hecker S. 92 o., S. 93;
Seidl S. 96 r., S. 97 r., S. 103 l., S. 103 r., S. 105 r..

Umschlag: Wolfgang Redeleit oben (2 x), FinePic, München, unten.